日本專賣店的話題貝果

3種口感、55款變化，隨心所欲變換滋味！

tecona bagel works／著

童小芳／譯

2009年tecona bagel works誕生之際,

貝果專賣店尚不多見,不如現在這麼廣為人知。

宛如甜甜圈的圓形外觀、

發酵後的麵團經過一次水煮後再烘烤所形成的Q彈、有嚼勁的獨特口感,

這些都是貝果的魅力所在。

開店之初,我希望盡可能讓多一點人了解這份美味,

而在貝果已然奠定人氣的今日,

我則執著於研發出tecona獨有的味道,

每天反覆下功夫,希望能夠做出讓人每天都想吃的貝果。

tecona的貝果依口感差異,基本上分為「鬆軟」、「Q彈」及「扎實」3種。

在種類不一的麵粉中,調配了酵母或天然酵母。

另外,也在3種麵團裡加入口感相契合的內餡,製成風味貝果,

其所搭配的配料及口味的組合都廣受喜愛,扭轉了人們至今對貝果的印象。

為了能輕鬆地製作貝果,本書在材料上做了調整,改用在家也能方便操作的速發乾酵母。

我有自信每一道食譜帶給大家的味道都和店裡的沒有兩樣。

貝果所用的材料相當簡樸,酵母也只用了少許。

未添加一滴油,所以很健康,

而且還帶有Q彈的獨特口感,就算天天吃也不會膩。

「蓬鬆柔軟」、「Q彈有勁」、「扎實飽足」…………

我想介紹給大家的,是口感與風味不一,每一個都獨具特色的貝果。

揉製麵團雖然稍費力氣,但若能讓大家邂逅自己喜歡的味道,並體會貝果的美味,

沒有比這個更令人開心的事了。

目 次

part 1
鬆軟貝果

part 2
Q彈貝果

part 3
扎實貝果

扎實原味
p.59

柳橙巧克力
p.62

檸檬皮奶油乳酪
p.64

肉桂糖粉
p.65

黑豆黃豆粉
p.68

核桃黑芝麻豆沙餡
p.69

核桃味噌豆沙餡
p.69

抹茶大納言
紅豆奶油
p.72

生薑蘋果
p.74

柑橘醬
奶油乳酪
p.76

乾式咖哩
p.78

蔥花味噌絞肉
p.80

白芝麻鮪魚
p.80

青海苔乳酪
p.80

本書的使用規則
・1大匙為15ml，1小匙為5ml。
・使用中型雞蛋（54～60ｇ）。
・烤箱的溫度與時間是以電氣烤箱為基準。若使用瓦斯烤箱，請改以190℃烘烤，時間不變。
　此外，烤好的成品狀態會因為機種而產生差異，請以此為基準進行調整。
・微波爐的加熱時間是以600W為基準。若是500W則將加熱時間調整成1.2倍。
　此外，加熱時間也會因機種而異，請視情況增減時間。
・麵團的發酵時間會因季節、室溫、溼度等因素而異，請務必確認麵團狀態再行調整。

依本書製成的貝果特色

┃ 口感與風味各異的3款貝果

tecona的貝果有「鬆軟的」、「Q彈的」也有「扎實的」，根據口感及風味的不同，而有這3種基本款。

為了帶出美味，且更接近店裡的味道，本書中改變了麵粉的種類、添加的水量與發酵方法，設計食譜時費了番功夫，以求在家也能輕鬆地製作。

「鬆軟」款的口感相當柔軟，連吃不慣貝果的人都很喜愛，也很適合製成夾有大量餡料的貝果三明治。「Q彈」款的貝果具備恰到好處的嚼勁，且因添加少許全麥麵粉而散發出鮮明的香氣。「扎實」款的魅力則在於如德國麵包般分量實在的咬勁。從繞圈扭轉的塑形方式中，也能看出麵團的韌性。

只要備齊這3種類型的貝果，就算是初嚐貝果的人，或是不喜歡吃扎實麵包的小孩子，應該都能從中找到喜歡的類型吧？請務必嚐嚐看3款貝果的口感與麵粉的風味，試著找出自己中意的類型。

鬆軟　　　　　　　　　　Q彈　　　　　　　　　　扎實

2　使用速發乾酵母即可輕鬆製作

tecona店裡也會使用天然酵母。但如果對天然酵母不夠熟悉,在用法與管理上都不容易,因此本書一律使用速發乾酵母。貝果發酵只需1/3或1/2小匙的乾酵母,用量極少。計量時使用量匙並確實抹平,是零失敗的訣竅。

3　以冷凍保存貝果

貝果要當天享用才好吃,如果想長期保存、天天都想吃到貝果的話,請以冷凍保存。用保鮮膜一個個包起來、裝進保存袋中,再放入冷凍庫,可保存2週左右。要吃的時候先自然解凍,再用烤箱加熱2~3分鐘,外皮就會恢復脆脆的口感,美味十足。另一方面,如果想縮短解凍時間,並一點一點慢慢享用不同的味道,建議切半後再冷凍。

包餡方式

該以何種方式展露出餡料,才能讓品嚐者在享用時感到更加美味?幾經思索後,我們決定在包餡方式上做一些變化。
還未熟練前就一次包捲大量的餡料並非易事,請稍微減量來練習。

包法A

將餡料揉入整體麵團中的包法。在揉麵團的階段就加入餡料,以便均勻地混合。

1　麵團揉捏約5分鐘,揉好8成左右後搓圓並壓平,再將餡料擺在中央。

2　拉開四周的麵團往餡料上方放,再用掌心按壓包覆,揉入麵團中。

3　跟揉麵團時一樣,利用雙手掌心施加身體的重量,將餡料揉入其中。餡料若在過程中掉出則放回麵團中,接著繼續揉捏3～5分鐘。

4　揉好麵團、使餡料均勻分布於整體後即完成。

包法B

將單一餡料包捲在麵團正中央的包法。於塑形階段加入餡料。

1　把餡料擺在麵皮外側。邊緣處預留1cm左右,將餡料固定其上,往橫向緊貼並排,不留空隙。

2　用雙手一邊按壓麵皮與餡料,一邊往內捲起。

3　每捲1圈就用雙手大拇指用力壓緊,以免產生空隙。

4　為了避免餡料在包捲的過程中掉出來,按壓麵皮的兩側予以包覆。

5　重複3的動作,捲到最後呈棒狀,將收口處朝下放置。

包法C

將數種餡料包捲在麵團正中央的包法。於塑形階段加入餡料。

1　把餡料擺放在麵皮外側。邊緣處預留1cm左右,將餡料重疊並排其上。

2　將外側的麵皮往內拉,捲起1圈。

3　按壓麵皮的兩側包覆起來,避免餡料在包捲的過程中露出來。

4　每捲1圈就用雙手大拇指用力壓緊1次,以免產生空隙。反覆此動作,捲成棒狀。將收口處朝下放置。

配料用餅乾薄片的作法

於最後步驟在貝果上撒餅乾薄片，經過烘烤即可增添一分酥脆的口感，
外觀也會華麗許多。大量製作並冷凍保存，想使用時就很方便。

包法D

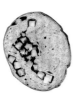

將餡料包捲成漩渦狀的包法。於塑形的階段加入餡料。

Ⅰ 把餡料撒放至麵皮一半左右的位置。若擺放在麵皮整體，餡料容易從收口處溢出，因此須特別注意。

2 從麵皮外側往內捲起1小圈。

3 在包捲的過程中按壓麵皮的兩側包覆起來，避免餡料露出來。

4 每捲1圈就用雙手大拇指用力按緊1次，以免產生空隙。反覆此動作，捲成棒狀。將收口處朝下放置。

原味餅乾薄片

材料（方便製作的分量）
無鹽奶油==130 g
細砂糖==130 g
A | 低筋麵粉==200 g
　| 鹽==1 g
　| 肉桂粉==1 g

事前準備
＊將A混合過篩備用。

Ⅰ 奶油恢復至室溫後，放入調理缽中，用打蛋器攪散。

2 倒入細砂糖，用打蛋器攪打使其與奶油混合。攪拌至細砂糖完全混入而變得偏白為止。

3 加入A，不要揉拌，用橡皮刮刀以按壓的方式快速混合。

可可餅乾薄片

材料（方便製作的分量）
無鹽奶油==110 g
細砂糖==110 g
A | 低筋麵粉==150 g
　| 無糖可可粉==9 g
　| 鹽==1 g

事前準備與作法請參照「原味餅乾薄片」，以相同要領來製作。

4 以手將材料聚攏成團。

5 在揉麵台上鋪1層保鮮膜，放上4，用手輕輕壓扁。從上方覆蓋另1層保鮮膜，以擀麵棍擀成1mm的厚度。

6 放入冷凍庫中冰鎮凝固。完全結凍之後再撕除保鮮膜，用菜刀切成1cm的正方形，或是用手扳開也可以。裝進保存容器中，放冷凍庫可保存1個半月。

part 1
鬆軟貝果

這款貝果的特色在於，製作時可省略一次發酵，麵團也容易揉捏。

鬆鬆軟軟的口感很容易入口，

是最適合夾大量餡料製成三明治的貝果。

基礎鬆軟原味貝果的作法

材料 （直徑8～9cm，4個份／6個份）

【麵團】	
A ┌ 特高筋麵粉（金帆船）	300 g／500 g
├ 鹽	4 g／6 g
└ 速發乾酵母	1/3小匙／1/2小匙
蜂蜜	11 g／18 g
水	168 g／280 g

事前準備
＊特高筋麵粉先過篩。

＊照片裡的是6個份，請依自己想要的數量來製作。

關於麵粉

金帆船

特高筋麵粉。延展性比一般高筋麵粉佳，也是常用於土司的麵粉。特色在於完成品的口感鬆軟，分量十足。

作法

準備

| 將A倒入調理缽中，在中央挖出一個凹洞，並依序加入蜂蜜與水。

攪拌

2 一邊用單手旋轉調理缽，一邊用掌心確實抓起麵粉，施加身體的重量來攪拌（①）。麵粉顆粒消失後聚攏成團。移放到鋪了止滑墊的揉麵台上（②）。

揉捏

3 利用雙手大拇指與手腕的交界處以及掌心，反覆摺疊麵團並確實施加身體的重量，揉捏8～10分鐘左右（①）。麵粉結塊消失且表面變得光滑後即完成（②）。

醒麵

4 將揉好的麵團整圓，閉合處朝下，蓋上徹底擰乾的濕布，在室溫下醒麵3分鐘左右。如此可排除麵團多餘的筋性，變得容易分割。

5　拿掉布巾，在揉麵台上用刮板（P94）將麵團分割成6等分（①）。用磅秤先測量麵團的整體重量，接著算出1個份的重量，再等量分割（②）。

6　為確保表面平滑，邊搓圓邊將分割切面往內藏。

醒麵

7　將6的閉合處朝下並排在揉麵台上，蓋上徹底擰乾的濕布，在室溫下醒麵3分鐘左右。如此可排除麵團多餘的筋性，變得容易塑形。

塑形

8　經過3分鐘後，用手將麵團輕輕壓平（①）。讓閉合處朝上再放回揉麵台上（②）。從麵團的中央往上下方滾動擀麵棍，擀成13×20cm左右的長方形（③）。預先將作為收口處的下方部分擀得較薄（④）。

塑形

9　從麵皮的外側往內捲起。不時用雙手大拇指按壓捲起的麵皮，把麵皮緊緊地捲成棒狀（①）。讓收口處朝下並排在揉麵台上（②），蓋上徹底擰乾的濕布，在室溫下醒麵3分鐘左右（③）。

塑形

10　用雙手輕輕滾動9使其延展後，讓收口處的線條朝上，用掌心將麵團的一端壓平（①）。壓平的麵團如果很乾燥，用濕布拍濕（②）。

ⅠⅠ　讓收口處的線條朝內側，彎成圓形，疊合兩端（①）。拿起麵團並翻面，用扁平的一端包覆另一端（②）。將包覆好的麵團兩側貼合並確實捏緊，使開口密合（③）。完成塑形後，置於鋪了烘焙紙的烤盤上（④）。

發酵

Ⅰ2　將徹底擰乾的濕布蓋在11上，利用烤箱的發酵功能，設定40℃使其發酵30分鐘。麵團發酵後會整個輕輕膨脹起來。

水煮

Ⅰ3　在開口較大的鍋子中煮沸大量熱水，加入蜂蜜（分量外）充分攪拌。1ℓ的熱水加入1大匙的蜂蜜。在麵團表面裹上一層蜂蜜，烘烤時糖分會融化，可烤出漂亮的金黃色澤。

水煮

Ⅰ4　當鍋底開始冒出細小氣泡時，即是到達最佳水煮溫度的徵兆（①）。用刮板輕柔地拿取貝果麵團，一個個放入鍋中（②）。此時貝果如果往下沉，表示發酵不足，要立即從熱水中撈起，再度進行發酵。不時用濾勺將貝果上下翻面，煮30秒。翻面時要先將濾勺置於貝果下方，溫柔地翻面（③）。

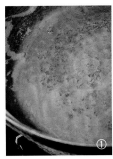

水煮

Ⅰ5　從熱水中撈起麵團，並排在烤盤上。

烘烤

Ⅰ6　放入預熱至200℃的烤箱中烘烤15分鐘，接著將烤盤前後對轉，視情況再烤6～7分鐘。只要改變烤盤的方向，即可烤出受熱均勻的漂亮貝果。

Ⅰ7　烤好後立即取出，放在糕點散熱架上冷卻。貝果底部也確實上色即完成。若未上色完全，則再延長烘烤時間。冷卻後立刻覆蓋保鮮膜以防乾燥。

核桃
作法→16頁

核桃香蕉奶油

作法→17頁

核桃

walnut

核桃的香氣可令人食慾大開。直接吃當然也很好吃，建議可稍微烤一下，再抹上奶油乳酪或蜂蜜來品嚐。

材料 （直徑8～9cm，4個份）

【麵團】

A
┌ 特高筋麵粉（金帆船）===300 g
│ 鹽===4 g
└ 速發乾酵母===1/3小匙

蜂蜜===11 g
水===168 g
核桃===26 g

事前準備

＊特高筋麵粉先過篩。

＊核桃用160℃的烤箱烘烤10分鐘，冷卻後用手壓碎成適當的大小。

作法

準備

1 將A倒入調理缽中，在中央挖出一個凹洞，依序加入蜂蜜與水。

攪拌

2 用手攪拌至麵粉顆粒消失，聚攏成團後移至揉麵台上。

揉捏

3 以雙手確實揉捏5分鐘左右，使麵粉結塊消失，參照包法A（P8），揉好8成後加入核桃，繼續揉捏3～5分鐘左右。待核桃均勻混入整體、麵團表面變得光滑後即完成。

醒麵

4 將麵團整圓後置於揉麵台上，蓋上徹底擰乾的濕布，在室溫下醒麵3分鐘左右。

分割

5 用刮板將麵團分割成4等分。利用磅秤，等量分割。

6 將切面朝下搓圓，使5延展出平滑的表面。

醒麵

7 把徹底擰乾的濕布蓋在6上，在室溫下醒麵3分鐘左右。

塑形

8 用手將7輕輕壓平。讓麵團的閉合處朝上，重新放回揉麵台上，以擀麵棍擀成長方形。

9 由外往內將麵皮捲成棒狀。蓋上徹底擰乾的濕布，在室溫中醒麵3分鐘左右。

10 滾動9使其延展後，讓收口處的線條朝上，用掌心將麵團的一端壓平。

11 讓收口處的線條朝向內側，疊合麵團兩端，接著用扁平的一端包覆另一端。將包覆好的麵團兩側貼合並確實捏緊，使開口密合。

發酵

12 蓋上徹底擰乾的濕布，利用烤箱，在40℃下發酵30分鐘。

水煮

13 在鍋中煮沸大量熱水，並加入蜂蜜（分量外）。

14 待鍋底冒出細小氣泡後，將12的貝果麵團放入，不時上下翻面，煮30秒後撈起。

15 將14並排在鋪了烘焙紙的烤盤上。

烘烤

16 放入預熱至200℃的烤箱中烘烤15分鐘，接著將烤盤前後對轉，繼續烤6～7分鐘。

17 烤好後立即取出，放在糕點散熱架上冷卻。

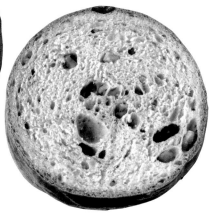

核桃香蕉奶油

用白蘭地浸泡過的香蕉乾,不但香氣迷人,搭配奶油乳酪也很對味。是一款可以享受到餅乾薄片酥脆口感的貝果。

材料(直徑8~9cm,4個份)
【麵團】
　┌　特高筋麵粉(金帆船)===300 g
A │　鹽===4 g
　│　速發乾酵母===1/3小匙
　└　三溫糖===12 g
蜂蜜===11 g
水===168 g
核桃===26 g
【內餡】
浸泡白蘭地的香蕉乾(下記)===60 g
奶油乳酪===60 g
【潤飾】
原味餅乾薄片(P9)===40 g
粗糖===12 g

事前準備
＊特高筋麵粉先過篩。
＊核桃用160℃的烤箱烘烤10分鐘,冷卻後用手壓碎成適當的大小。

浸泡白蘭地的香蕉乾

材料(方便製作的分量)
香蕉乾碎塊 250 g
白蘭地(VO) 80 g
蜂蜜 50 g
作法
將材料全部倒入保存容器中,充分拌勻。以保鮮膜為蓋(P33),放進冰箱冷藏,每天由下往上翻攪混合1次,浸泡3天即完成。用剩的裝進保存容器中,放入冰箱冷藏可以保存1個月。

作法
準備
1　將A倒入調理缽中,在中央挖出一個凹洞,依序加入蜂蜜與水。
攪拌
2　用手攪拌至麵粉顆粒消失,聚攏成團後移至揉麵台上。
揉捏
3　以雙手確實揉捏5分鐘左右,使麵粉結塊消失,參照包法A(P8),揉好8成後加入核桃,繼續揉捏3~5分鐘左右。待核桃均勻混入整體、麵團表面變得光滑後即完成。
醒麵
4　將麵團整圓後置於揉麵台上,蓋上徹底擰乾的濕布,在室溫下醒麵3分鐘左右。
分割
5　用刮板將麵團分割成4等分。利用磅秤,等量分割。
6　將切面朝下搓圓,使5延展出平滑的表面。
醒麵
7　將徹底擰乾的濕布蓋在6上,在室溫下醒麵3分鐘左右。
塑形
8　用手將7輕輕壓平。讓麵團的閉合處朝上,重新放回揉麵台上,以擀麵棍擀成長方形。

9　參照包法C(P8),將15 g的奶油乳酪與15 g浸泡白蘭地的香蕉乾碎塊重疊擺在麵皮外側,往內捲成棒狀。蓋上徹底擰乾的濕布,在室溫下醒麵3分鐘左右。
10　滾動9使其延展後,讓收口處的線條朝上,用掌心將麵團的一端壓平。
11　讓收口處的線條朝向內側,疊合麵團兩端,接著用扁平的一端包覆另一端。將包覆好的麵團兩側貼合並確實捏緊,使開口密合。
發酵
12　蓋上徹底擰乾的濕布,利用烤箱,在40℃下發酵30分鐘。
水煮
13　在鍋中煮沸大量熱水,並加入蜂蜜(分量外)。
14　待鍋底冒出細小氣泡後,將12的貝果麵團放入,不時上下翻面,煮30秒後撈起。
15　將14並排在鋪了烘焙紙的烤盤上。
烘烤
16　在15的上面各撒10 g的原味餅乾薄片以及3 g的粗糖,放入預熱至200℃的烤箱中烘烤15分鐘,接著將烤盤前後對轉,繼續烤6~7分鐘。
17　烤好後立即取出,放在糕點散熱架上冷卻。

coffee

使用可完全融入麵團的即溶咖啡，以及口感與香氣都極富魅力的研磨咖啡。巧克力的甜味配上咖啡微微的苦味甚是美妙。

mocha

摩卡咖啡

作法→20頁

巧克力雙重奏

作法→20頁

chocolate

揉入麵團中的巧克力，加上用麵團包覆的巧克力，結合2種巧克力的濃郁滋味，令愛好者難以招架。

chocolate

草莓牛奶

作法→21頁

strawberry

草莓的酸味與白巧克力的甜味達成最佳平衡。
溫和的滋味，令大人小孩都愛不釋手。

milk

巧克力雙重奏

材料（直徑8～9cm，4個份）
【麵團】
A
特高筋麵粉（金帆船）===300 g
鹽===4 g
速發乾酵母===1/3小匙
三溫糖===13 g
無糖可可粉===15 g
蜂蜜===11 g
水===180 g
調溫巧克力片===20 g
【內餡】
巧克力塊===16個
【潤飾】
杏仁===4顆

事前準備
＊混合特高筋麵粉與可可粉並過篩。
＊調溫巧克力片在使用前都放在冰箱冷藏，確實冰鎮備用。

作法
準備
1　將A倒入調理缽中，在中央挖出一個凹洞，依序加入蜂蜜與水。
攪拌
2　用手攪拌至麵粉顆粒消失，聚攏成團後移至揉麵台上。

揉捏
3　以雙手確實揉捏5分鐘左右，使麵粉結塊消失，參照包法A（P8），揉好8成後將調溫巧克力片加入，繼續揉捏3～5分鐘左右。待巧克力片均勻混入整體、麵團表面變得光滑後即完成。
醒麵
4　將麵團整圓後置於揉麵台上，蓋上徹底擰乾的濕布，在室溫下醒麵3分鐘左右。
分割
5　用刮板將麵團分割成4等分。利用磅秤，等量分割。
6　將切面朝下搓圓，使5延展出平滑的表面。
醒麵
7　把徹底擰乾的濕布蓋在6上，在室溫下醒麵3分鐘左右。
塑形
8　用手將7輕輕壓平。讓麵團的閉合處朝上，重新放回揉麵台上，以擀麵棍擀成長方形。
9　參照包法B（P8），將4個巧克力塊擺在麵皮外側，往內繞圈捲成棒狀。蓋上徹底擰乾的濕布，在室溫下醒麵3分鐘左右。
10　滾動9使其延展後，讓收口處的線條朝上，用掌心將麵團的一端壓平。
11　讓收口處的線條朝向內側，疊合麵團兩

端，接著用扁平的一端包覆另一端。將包覆好的麵團兩側貼合並確實捏緊，使開口密合。
發酵
12　蓋上徹底擰乾的濕布，利用烤箱，在40℃下發酵30分鐘。
水煮
13　在鍋中煮沸大量熱水，並加入蜂蜜（分量外）。
14　待鍋底冒出細小氣泡後，將12的貝果麵團放入，不時上下翻面，煮30秒後撈起。
15　將14並排在鋪了烘焙紙的烤盤上。
烘烤
16　在15的上面各擺1顆杏仁，放入預熱至200℃的烤箱中烘烤15分鐘，接著將烤盤前後對轉，繼續烤6～7分鐘。
17　烤好後立即取出，放在糕點散熱架上冷卻。

調溫巧克力片
以脂肪成分高而十分滑順的調溫巧克力製成的細薄巧克力片。很容易融化，因此冰鎮後再使用為操作關鍵。

巧克力塊
所謂的Chunks，意思是「剁成粗塊」，指比碎片或薄片還大的巧克力碎塊。

摩卡咖啡

材料（直徑8～9cm，4個份）
【麵團】
A
特高筋麵粉（金帆船）===300 g
鹽===4 g
速發乾酵母===1/3小匙
三溫糖===13 g
即溶咖啡===3 g
研磨咖啡===3 g
蜂蜜===11 g
水===150 g
【內餡】
調溫巧克力片===60 g
【潤飾】
可可餅乾薄片（P9）===40 g

事前準備
＊特高筋麵粉先過篩。
＊調溫巧克力片在使用前都放在冰箱冷藏，確實冰鎮備用。

作法
未標記的步驟請參照「巧克力雙重奏」，如法炮製。
揉捏
3　用雙手確實揉捏8～10分鐘左右，使麵粉結塊消失。待表面變得光滑即完成。
塑形
9　參照包法D（P9），將15 g的調溫巧克力片撒放至麵皮一半左右的位置，往內繞圈捲成棒狀。蓋上徹底擰乾的濕布，在室溫下醒

麵3分鐘左右。
烘烤
16　在15的上面各擺10 g的可可餅乾薄片，放入預熱至200℃的烤箱中烘烤15分鐘，接著將烤盤前後對轉，繼續烤6～7分鐘。

即溶咖啡
善用即溶咖啡粉，即可輕鬆導入咖啡的香氣與味道。必須拌入麵團中來使用，因此建議選擇容易相融、顆粒細小的類型。

研磨咖啡
此為滴漏式咖啡所用的研磨咖啡豆碎粒。拌入麵團中仍可保留顆粒，因此只要細細咀嚼就會帶出苦味與香氣，多了一分層次感。

草莓牛奶

材料（直徑8～9cm，4個份）

【麵團】
A ⎡ 特高筋麵粉（金帆船）===300 g
  │ 鹽===4 g
  │ 速發乾酵母===1/3小匙
  ⎣ 三溫糖===13 g
蜂蜜===11 g
水===168 g
半乾草莓乾（整顆）===50 g

【內餡】
白巧克力碎片===72 g

事前準備
＊特高筋麵粉先過篩。
＊將半乾草莓乾切成2～3等分（下記）。

半乾草莓乾的切法
使用廚房剪刀，統一剪成適當的大小。
如此一來，果乾不會像用菜刀那樣黏在
刀刃上，可快速作業。

作法

準備
1 將A倒入調理缽中，在中央挖出一個凹
洞，依序加入蜂蜜與水。

攪拌
2 用手攪拌至麵粉顆粒消失，聚攏成團後移
至揉麵台上。

揉捏
3 以雙手確實揉捏5分鐘左右，使麵粉結塊
消失，參照包法A（P8），揉好8成後加入半乾
草莓乾，繼續揉捏3～5分鐘左右。待半乾草
莓乾均勻混入整體、麵團表面變得光滑後即完
成。

醒麵
4 將麵團整圓後置於揉麵台上，蓋上徹底擰
乾的濕布，在室溫下醒麵3分鐘左右。

分割
5 用刮板將麵團分割成4等分。利用磅秤，
等量分割。
6 將切面朝下搓圓，使5延展出平滑的表
面。

醒麵
7 把徹底擰乾的濕布蓋在6上，在室溫下醒
麵3分鐘左右。

塑形
8 用手將7輕輕壓平。讓麵團的閉合處朝
上，重新放回揉麵台上，以擀麵棍擀成長方
形。

9 參照包法D（P9），將18 g的白巧克力碎
片撒放至麵皮一半左右的位置，往內繞圈捲成
棒狀。蓋上徹底擰乾的濕布，在室溫下醒麵3
分鐘左右。

10 滾動9使其延展後，讓收口處的線條朝
上，用掌心將麵團的一端壓平。

11 讓收口處的線條朝向內側，疊合麵團兩
端，接著用扁平的一端包覆另一端。將包覆好
的麵團兩側貼合並確實捏緊，使開口密合。

發酵
12 蓋上徹底擰乾的濕布，利用烤箱，在40℃
下發酵30分鐘。

水煮
13 在鍋中煮沸大量熱水，並加入蜂蜜（分量
外）。
14 待鍋底冒出細小氣泡後，將12的貝果麵團
放入，不時上下翻面，煮30秒後撈起。
15 將14並排在鋪了烘焙紙的烤盤上。

烘烤
16 放入預熱至200℃的烤箱中烘烤15分鐘，
接著將烤盤前後對轉，繼續烤6～7分鐘。
17 烤好後立即取出，放在糕點散熱架上冷
卻。

chocolate chocolate

coffee mocha

strawberry milk

earl grey

利用紅茶、焦糖與蘭姆酒3種特徵強烈的香氣，混合出
深邃的滋味。只要使用市售的焦糖巧克力，即可輕易增
添焦糖風味。

caramel rum raisin

格雷伯爵茶
焦糖蘭姆葡萄乾

作法→24頁

格雷伯爵茶蜜漬蘋果

作法→24頁

earl grey

揉入麵團中的格雷伯爵茶帶有清爽的香氣，會在口中
蔓延開來。茶葉越細越容易拌入麵團中，因此建議使
用茶包。

semi dried apple

將水果乾浸泡在蘭姆酒中製成的餡料，可感受到自然的
甜味與酸味，是吃不膩的好味道。屬於適合佐葡萄酒等
酒類的貝果。

自製醃漬水果乾

作法→25頁

格雷伯爵茶蜜漬蘋果

材料（直徑8～9cm，4個份）

【麵團】

A
- 特高筋麵粉（金帆船）===300 g
- 鹽===4 g
- 速發乾酵母===1/3小匙
- 三溫糖===13 g
- 格雷伯爵茶的茶葉（茶包）===6 g（3袋份）

蜂蜜===11 g
水===168 g
核桃===16 g

【內餡】
乳酪奶油（下記）===60 g
蜜漬蘋果（市售）===100 g

【潤飾】
原味餅乾薄片（P9）===40 g
核桃===適量

事前準備
＊特高筋麵粉先過篩。
＊從茶包中取出茶葉。
＊核桃用160℃的烤箱烘烤10分鐘，冷卻後用手壓碎成適當的大小。

乳酪奶油

材料
奶油乳酪 50 g
細砂糖 10 g
作法
將恢復至室溫的奶油乳酪放入調理缽中，加入細砂糖，用橡皮刮刀充分拌勻。

蜜漬蘋果
將半乾的蘋果乾浸泡在甜甜的蜂蜜中，製成濕潤型水果乾。恰到好處的硬度，搭配貝果十分契合。

作法

準備
1 將A倒入調理缽中，在中央挖出一個凹洞，依序加入蜂蜜與水。

攪拌
2 用手攪拌至麵粉顆粒消失，聚攏成團後移至揉麵台上。

揉捏
3 以雙手確實揉捏5分鐘左右，使麵粉結塊消失，參照包法A（P8），揉好8成後加入核桃，繼續揉捏3～5分鐘左右。待核桃均勻混入整體、麵團表面變得光滑後即完成。

醒麵
4 將麵團整圓後置於揉麵台上，蓋上徹底擰乾的濕布，在室溫下醒麵3分鐘左右。

分割
5 用刮板將麵團分割成4等分。利用磅秤，等量分割。
6 將切面朝下搓圓，使5延展出平滑的表面。

醒麵
7 將徹底擰乾的濕布蓋在6上，在室溫下醒麵3分鐘左右。

塑形
8 用手將7輕輕壓平。讓麵團的閉合處朝上，重新放回揉麵台上，以擀麵棍擀成長方形。

9 參照包法C（P8），將15 g的乳酪奶油與25 g的蜜漬蘋果重疊擺在麵皮外側，往內繞圈捲成棒狀。蓋上徹底擰乾的濕布，在室溫下醒麵3分鐘左右。

10 滾動9使其延展後，讓收口處的線條朝上，用掌心將麵團的一端壓平。

11 讓收口處的線條朝向內側，疊合麵團兩端，接著把扁平的一端包覆另一端。將包覆好的麵團兩側貼合並確實捏緊，使開口密合。

發酵
12 蓋上徹底擰乾的濕布，利用烤箱，在40℃下發酵30分鐘。

水煮
13 在鍋中煮沸大量熱水，並加入蜂蜜（分量外）。
14 待鍋底冒出細小氣泡後，將12的貝果麵團放入，不時上下翻面，煮30秒後撈起。
15 將14並排在鋪了烘焙紙的烤盤上。

烘烤
16 在15的中央各擺上10 g的原味餅乾薄片與核桃，放入預熱至200℃的烤箱中烘烤15分鐘，接著將烤盤前後對轉，繼續烤6～7分鐘。
17 烤好後立即取出，放在糕點散熱架上冷卻。

格雷伯爵茶焦糖蘭姆葡萄乾

材料（直徑8～9cm，4個份）

【麵團】

A
- 特高筋麵粉（金帆船）===300 g
- 鹽===4 g
- 速發乾酵母===1/3小匙
- 三溫糖===13 g
- 格雷伯爵茶的茶葉（茶包）===6 g（3袋份）

蜂蜜===11 g
水===168 g
核桃===16 g

【內餡】
焦糖巧克力碎片===32 g
蘭姆葡萄乾（右記）===80 g

【潤飾】
原味餅乾薄片（P9）===40 g
南瓜籽===適量
粗糖===適量

事前準備
＊特高筋麵粉先過篩。
＊從茶包中取出茶葉。
＊核桃用160℃的烤箱烘烤10分鐘，冷卻後用手壓碎成適當的大小。

自製醃漬水果乾

材料（直徑8～9cm，4個份）

【麵團】

A ┌ 特高筋麵粉（金帆船）===300 g
  │ 鹽===4 g
  │ 速發乾酵母===1/3小匙
  └ 三溫糖===13 g

蜂蜜===11 g

水===165 g

醃漬水果乾（下記）===40 g

【內餡】

醃漬水果乾===80 g

事前準備

＊特高筋麵粉先過篩。

醃漬水果乾

材料（方便製作的分量）

4～8種喜歡的水果乾 300 g
黑蘭姆酒 100 g
蜂蜜 40 g

作法

將材料全部倒入保存容器中，充分拌勻。以保鮮膜為蓋（P33），放進冰箱冷藏，每天由下往上翻攪混合1次，浸泡5天即完成。用剩的放冰箱冷藏，可保存1個月。

作法

準備

1 將A倒入調理缽中，在中央挖出一個凹洞，依序加入蜂蜜與水。

攪拌

2 用手攪拌至麵粉顆粒消失，聚攏成團後移至揉麵台上。

揉捏

3 以雙手確實揉捏5分鐘左右，使麵粉結塊消失，參照包法A（P8），揉好8成後加入醃漬水果乾，繼續揉捏3～5分鐘左右。待醃漬水果乾均勻混入整體、麵團表面變得光滑後即完成。

醒麵

4 將麵團整圓後置於揉麵台上，蓋上徹底擰乾的濕布，在室溫下醒麵3分鐘左右。

分割

5 用刮板將麵團分割成4等分。利用磅秤，等量分割。

6 將切面朝下搓圓，使5延展出平滑的表面。

醒麵

7 將徹底擰乾的濕布蓋在6上，在室溫下醒麵3分鐘左右。

塑形

8 用手將7輕輕壓平。讓麵團的閉合處朝上，重新放回揉麵台上，以擀麵棍擀成長方形。

9 參照包法D（P9），將20 g的醃漬水果乾撒放至麵皮一半左右的位置，往內繞圈捲成棒狀。蓋上徹底擰乾的濕布，在室溫下醒麵3分鐘左右。

10 滾動9使其延展後，讓收口處的線條朝上，用掌心將麵團的一端壓平。

11 讓收口處的線條朝向內側，疊合麵團兩端，接著用扁平的一端包覆另一端。將包覆好的麵團兩側貼合並確實捏緊，使開口密合。

發酵

12 蓋上徹底擰乾的濕布，利用烤箱，在40℃下發酵30分鐘。

水煮

13 在鍋中煮沸大量熱水，並加入蜂蜜（分量外）。

14 待鍋底冒出細小氣泡後，將12的貝果麵團放入，不時上下翻面，煮30秒後撈起。

15 將14並排在鋪了烘焙紙的烤盤上。

烘烤

16 放入預熱至200℃的烤箱中烘烤15分鐘，接著將烤盤前後對轉，繼續烤6～7分鐘。

17 烤好後立即取出，放在糕點散熱架上冷卻。

作法

未標記的步驟請參照「格雷伯爵茶蜜漬蘋果」，如法炮製。

塑形

9 參照包法D（P9），將8 g的焦糖巧克力碎片及20 g的蘭姆葡萄乾撒放至麵皮一半左右的位置，往內捲成棒狀。蓋上徹底擰乾的濕布，在室溫下醒麵3分鐘左右。

烘烤

16 在15的上面各擺上10 g的原味餅乾薄片、南瓜籽與粗糖，放入預熱至200℃的烤箱中烘烤15分鐘，接著將烤盤前後對轉，繼續烤6～7分鐘。

蘭姆葡萄乾

材料（方便製作的分量）

2種葡萄乾（蘇丹娜、加州葡萄乾等，依喜好選擇）300 g
黑蘭姆酒 100 g
蜂蜜 38 g

作法

將材料全部倒入保存容器中，充分拌勻。以保鮮膜為蓋（P33），放進冰箱冷藏，每天由下往上翻攪混合1次，浸泡5天即完成。用剩的放冰箱冷藏，可保存1個月。

黑糖迷你無籽葡萄乾

brown sugar

以濃郁甜味為特色的黑糖，配上酸味強勁的迷你無籽
葡萄乾。兩者皆可品嚐到天然的甜味，是對身體有益
的組合。

currants

大納言紅豆南瓜

red bean

在飽滿的大納言紅豆與南瓜中結合奶油乳酪，是十分
新鮮的組合。南瓜不僅作為內餡，也揉入麵團中，一
口咬下滿滿都是南瓜味。

pumpkin

黑糖迷你無籽葡萄乾

材料（直徑8～9cm，4個份）

【麵團】

A
- 特高筋麵粉（金帆船）===300 g
- 鹽===4 g
- 速發乾酵母===1/3小匙
- 黑糖===24 g

蜂蜜===11 g

水===168 g

迷你無籽葡萄乾===20 g

【內餡】

迷你無籽葡萄乾===60 g

事前準備

＊特高筋麵粉先過篩。

＊大塊的黑糖壓碎備用。

作法

準備

Ｉ　將A倒入調理缽中，在中央挖出一個凹洞，依序加入蜂蜜與水。

攪拌

2　用手攪拌至麵粉顆粒消失，聚攏成團後移至揉麵台上。

揉捏

3　以雙手確實揉捏5分鐘左右，使麵粉結塊消失，參照包法A（P8），揉好8成後加入迷你無籽葡萄乾，繼續揉捏3～5分鐘左右。待迷你無籽葡萄乾均勻混入整體、麵團表面變得光滑後即完成。

醒麵

4　將麵團整圓後置於揉麵台上，蓋上徹底擰乾的濕布，在室溫下醒麵3分鐘左右。

分割

5　用刮板將麵團分割成4等分。利用磅秤，等量分割。

6　將切面朝下搓圓，使5延展出平滑的表面。

醒麵

7　將徹底擰乾的濕布蓋在6上，在室溫下醒麵3分鐘左右。

塑形

8　將7輕輕壓平。讓閉合處朝上，重新放回揉麵台上，以擀麵棍擀成長方形。

9　參照包法D（P9），將15 g的迷你無籽葡萄乾撒放至麵皮一半左右的位置，往內繞圈捲成棒狀。蓋上徹底擰乾的濕布，在室溫下醒麵3分鐘左右。

10　滾動9使其延展後，讓收口處的線條朝上，用掌心將麵團的一端壓平。

11　讓收口處的線條朝向內側，疊合麵團兩端，接著用扁平的一端包覆另一端。將包覆好的麵團兩側貼合並確實捏緊，使開口密合。

發酵

12　蓋上徹底擰乾的濕布，利用烤箱，在40℃下發酵30分鐘。

水煮

13　在鍋中煮沸大量熱水，並加入蜂蜜（分量外）。

14　待鍋底冒出細小氣泡後，將12的貝果麵團放入，不時上下翻面，煮30秒後撈起。

15　將14並排在鋪了烘焙紙的烤盤上。

烘烤

16　放入預熱至200℃的烤箱中烘烤15分鐘，接著將烤盤前後對轉，繼續烤6～7分鐘。

17　烤好後立即取出，放在糕點散熱架上冷卻。

迷你無籽葡萄乾

山葡萄製成的水果乾。特色在於顆粒比葡萄乾小，但帶有稍強的酸味。經常用於麵包或磅蛋糕等西點。

大納言紅豆南瓜

材料（直徑8～9cm，4個份）

【麵團】

A
- 特高筋麵粉（金帆船）===300 g
- 鹽===4 g
- 速發乾酵母===1/3小匙
- 三溫糖===13 g

蜂蜜===11 g

B
- 水===125 g
- 南瓜糊（右記）===75 g

【內餡】

奶油乳酪===52 g

南瓜（冷凍）===60 g

大納言紅豆===60 g

【潤飾】

南瓜籽===適量

事前準備

＊特高筋麵粉先過篩。

＊用微波爐加熱南瓜，或是水煮後再用廚房紙巾擦乾水分。

作法

未標記的步驟請參照「黑糖迷你無籽葡萄乾」，如法炮製。

準備

Ｉ　將A倒入調理缽中，在中央挖出一個凹洞，依序加入蜂蜜與充分拌勻的B。

揉捏

3　用雙手確實揉捏8～10分鐘左右，使麵粉結塊消失。待表面變得光滑即完成。

塑形

9　參照包法C（P8），將13 g的奶油乳酪、15 g的南瓜與15 g的大納言紅豆重疊擺在麵皮外側，往內捲成棒狀。南瓜的水分太多時，用廚房紙巾擦乾水分後再加入。蓋上徹底擰乾的濕布，在室溫下醒麵3分鐘左右。

烘烤

16　將南瓜籽確實按壓固定在15上，放入預熱至200℃的烤箱中烘烤15分鐘，接著將烤盤前後對轉，繼續烤6～7分鐘。

南瓜糊

材料

南瓜（冷凍）100 g

水 140 g

作法

將南瓜放入調理缽中解凍，如果是帶皮狀態則先削皮。加入水，用攪拌機攪打。用剩的裝進保存容器中，放冷凍庫可保存1個月。

德式香腸麵包捲

將麵團捲覆在長條形的德式香腸上,是店裡的人氣商品。德式香腸選用扎實填塞粗絞肉末而味道濃郁的產品,和麵團相當契合。

羅勒鮭魚番茄

basil salmon

麵團裡揉合了番茄汁,所以內餡特別顯色。切開來的配色賞心悅目,很適合用來款待客人。

tomato

德式香腸麵包捲

材料（約17×4cm，8個份）

【麵團】

A ┌ 特高筋麵粉（金帆船）===300 g
  │ 鹽===4 g
  └ 速發乾酵母===1/3小匙

蜂蜜===11 g

水===168 g

【內餡】

粗絞肉長條德式香腸===8根

【潤飾】

天然乳酪（切細）===適量

事前準備

＊特高筋麵粉先過篩。

作法

準備

1　將A倒入調理缽中，在中央挖出一個凹洞，依序加入蜂蜜與水。

攪拌

2　用手攪拌至麵粉顆粒消失，聚攏成團後移至揉麵台上。

揉捏

3　用雙手確實揉捏8～10分鐘左右，使麵粉結塊消失。待表面變得光滑即完成。

醒麵

4　將麵團整圓後置於揉麵台上，蓋上徹底擰乾的濕布，於室溫下醒麵3分鐘左右。

分割

5　用刮板將麵團分割成8等分。利用磅秤，等量分割。

6　將切面朝下搓圓，使5延展出平滑的表面。

醒麵

7　將徹底擰乾的濕布蓋在6上，於室溫下醒麵3分鐘左右。

塑形

8　用手將7輕輕壓平。讓麵團的閉合處朝上，重新放回揉麵台上，以擀麵棍擀成長方形。

9　將麵皮橫放，從外側往內細細捲成棒狀（照片a）。蓋上徹底擰乾的濕布，於室溫下醒麵3分鐘左右。

10　用雙手滾動9使其延展後，捲覆於德式香腸上。重疊捲上麵團，別讓前端的開口露出來（照片b），將麵團斜向邊拉邊繞繞纏上，末端塞入中間的麵團下，避免鬆開（照片c）。

發酵

11　蓋上徹底擰乾的濕布，利用烤箱，在40℃下發酵30分鐘。

水煮

12　在鍋中煮沸大量熱水，並加入蜂蜜（分量外）。

13　待鍋底冒出細小氣泡後，將11的貝果麵團放入，不時上下翻面，煮30秒後撈起。

14　將13並排在鋪了烘焙紙的烤盤上。

烘烤

15　將天然乳酪撒在14上，放入預熱至200℃的烤箱中烘烤13分鐘，接著將烤盤前後對轉，繼續烤4～5分鐘。

16　烤好後立即取出，放在糕點散熱架上冷卻。

羅勒鮭魚番茄

材料（直徑8～9cm，4個份）

【麵團】

A ┌ 特高筋麵粉（金帆船）===300 g
  │ 鹽===4 g
  └ 速發乾酵母===1/3小匙

蜂蜜===11 g

無鹽番茄汁===185 g

【內餡】

奶油乳酪===60 g

煙燻鮭魚===60 g（4～8片）

新鮮羅勒葉===8片

【潤飾】

帕馬森乾酪===適量

事前準備

＊特高筋麵粉先過篩。

作法

未標記的步驟請參照「德式香腸麵包捲」，如法炮製。

準備

1　將A倒入調理缽中，在中央挖出一個凹洞，依序加入蜂蜜與番茄汁。

分割

5　用刮板將麵團分割成4等分。利用磅秤，等量分割。

塑形

9　參照包法C（P8），將15 g的奶油乳酪、15 g的煙燻鮭魚（1～2片）以及2片羅勒葉重疊擺在麵皮外側，往內捲成棒狀。蓋上徹底擰乾的濕布，於室溫下醒麵3分鐘左右。

10　滾動9使其延展後，讓收口處的線條朝上，用掌心將麵團的一端壓平。讓收口處的線條朝向內側，疊合麵團兩端，接著用扁平的一端包覆另一端。將包覆好的麵團兩側貼合並確實捏緊，使開口密合。

烘烤

15　將帕馬森乾酪撒在14上，放入預熱至200℃的烤箱中烘烤15分鐘，接著將烤盤前後對轉，繼續烤6～7分鐘。

菠菜番茄乾

將菠菜泥揉入麵團中製成的養生貝果。帶酸味的油漬
番茄乾及帶鹹味的橄欖，增添了幾分層次感。

紅蘿蔔檸檬

裡頭包了用紅蘿蔔與糖漬檸檬皮製成的清爽內餡。還
可以享受潤飾用的粗糖與罌粟籽的口感。

菠菜番茄乾

材料（直徑8～9cm，4個份）
【麵團】
A ┌ 特高筋麵粉（金帆船）===300 g
　├ 鹽===4 g
　└ 速發乾酵母===1/3小匙
蜂蜜===11 g
B ┌ 水===105 g
　└ 菠菜泥（下記）===83 g
【內餡】
奶油乳酪===72 g
油漬番茄乾（市售）===8顆（24 g）
無籽橄欖===4顆
【潤飾】
天然乳酪（切細）===40 g

事前準備
＊特高筋麵粉先過篩。

菠菜泥
材料
菠菜（冷凍）100 g
水 140 g
作法
菠菜放入調理缽中解凍，加水用攪拌機攪打。用剩的裝進保存容器中，放冷凍庫可保存1個月。

作法
準備
1　將A倒入調理缽中，在中央挖出一個凹洞，依序加入蜂蜜與充分拌勻的B。
攪拌
2　用手攪拌至麵粉顆粒消失，聚攏成團後移至揉麵台上。
揉捏
3　用雙手確實揉捏8～10分鐘左右，使麵粉結塊消失。待表面變得光滑即完成。
醒麵
4　將麵團整圓後置於揉麵台上，蓋上徹底擰乾的濕布，於室溫下醒麵3分鐘左右。
分割
5　用刮板將麵團分割成4等分。利用磅秤，等量分割。
6　將切面朝下搓圓，使5延展出平滑的表面。
醒麵
7　將徹底擰乾的濕布蓋在6上，於室溫下醒麵3分鐘左右。
塑形
8　用手將7輕輕壓平。讓麵團的閉合處朝上，重新放回揉麵台上，以擀麵棍擀成長方形。

9　參照包法C（P8），將18 g的奶油乳酪、2顆番茄乾與1顆橄欖重疊擺在麵皮外側，往內繞圈捲成棒狀。蓋上徹底擰乾的濕布，於室溫下醒麵3分鐘左右。
10　用雙手滾動9使其延展後，讓收口處的線條朝上，用掌心將麵團的一端壓平。
11　讓收口處的線條朝向內側，疊合麵團兩端，接著用扁平的一端包覆另一端。將包覆好的麵團兩側貼合並確實捏緊，使開口密合。
發酵
12　蓋上徹底擰乾的濕布，利用烤箱的發酵功能，設定40℃使其發酵30分鐘。
水煮
13　在鍋中煮沸大量熱水，並加入蜂蜜（分量外）。
14　待鍋底冒出細小氣泡後，將12的貝果麵團放入，不時上下翻面，煮30秒後撈起。
15　將14並排在鋪了烘焙紙的烤盤上。
烘烤
16　在15的上面各鋪10 g切細的天然乳酪，放入預熱至200℃的烤箱中烘烤15分鐘，接著將烤盤前後對轉，繼續烤6～7分鐘。
17　烤好後立即取出，放在糕點散熱架上冷卻。

紅蘿蔔檸檬

材料（直徑8～9cm，4個份）
【麵團】
A ┌ 特高筋麵粉（金帆船）===300 g
　├ 鹽===4 g
　└ 速發乾酵母===1/3小匙
蜂蜜===11 g
紅蘿蔔綜合果汁（市售）===185 g
【內餡】
紅蘿蔔（切絲）===80 g（中型1根）
糖漬檸檬皮（切成粗末）===40 g
【潤飾】
白罌粟籽===適量
粗糖===12 g

事前準備
＊特高筋麵粉先過篩。
＊紅蘿蔔削皮後用刨絲器等切成絲，以微波爐加熱2分鐘後放涼。

作法
未標記的步驟請參照「菠菜番茄乾」，如法炮製。
準備
1　將A倒入調理缽中，在中央挖出一個凹洞，依序加入蜂蜜與紅蘿蔔綜合果汁。
塑形
9　參照包法B（P8），將20 g的紅蘿蔔絲與10 g的糖漬檸檬皮撒放至麵皮一半左右的位置，往內繞圈捲成棒狀。蓋上徹底擰乾的濕布，於室溫下醒麵3分鐘左右。
烘烤
16　在15的上面各撒上罌粟籽與3 g的粗糖，放入預熱至200℃的烤箱中烘烤15分鐘，接著將烤盤前後對轉，繼續烤6～7分鐘。

糖漬檸檬皮
先將檸檬皮水煮，再用砂糖熬煮而成，清爽的酸味為其特色。可在西點材料店等處購買。

part 2
Q彈貝果

加了少許全麥麵粉而香氣馥郁的貝果。
質地不會過硬，具有恰到好處的彈性，
Q彈的口感令人上癮。

基礎Q彈原味貝果的作法

材料 （直徑8～9cm，4個份／6個份）

＊照片裡的是6個份，請依自己想要的數量來製作。

【麵團】

	高筋麵粉（春戀）	270 g／450 g
	全麥麵粉	30 g／50 g
A	鹽	5 g／8 g
	三溫糖	6 g／10 g
	速發乾酵母	1/3小匙／1/2小匙
蜂蜜		6 g／10 g
水		160 g／265 g

事前準備
＊混合高筋麵粉與全麥麵粉後過篩。

作法

準備

1　將A倒入調理缽中，在中央挖出一個凹洞，依序加入蜂蜜與水。

攪拌

2　一邊用單手旋轉調理缽，一邊用掌心確實抓起麵粉，施加身體的重量來攪拌（①）。麵粉顆粒消失後聚攏成團。移放到鋪了止滑墊的揉麵台上（②）。

揉捏

3　利用雙手大拇指與手腕的交界處、以及掌心，反覆地摺疊麵團並確實施加身體的重量揉捏8～10分鐘左右（①）。麵粉結塊消失且表面變得光滑後即完成（②）。

一次發酵

4　將揉好的麵團整圓後移至調理缽中，以保鮮膜為蓋（覆蓋保鮮膜使其貼附麵團），放進冰箱冷藏，讓麵團發酵20～30分鐘。如此可讓麵粉與水分相融，使麵團變得光滑。

5 取出麵團放到揉麵台上，用刮板（P94）將麵團分割成6等分（①）。用磅秤先測量麵團的整體重量，接著算出1個份的重量，再等量分割（②）。

6 為確保表面平滑，邊搓圓邊將分割切面往內藏。

7 將6的閉合處朝下並排在揉麵台上，蓋上徹底擰乾的濕布，於室溫下醒麵3分鐘左右。如此可排除麵團多餘的筋性，變得容易塑形。

8 經過3分鐘後，用手將麵團輕輕壓平（①）。讓閉合處朝上再放回揉麵台上（②）。從麵團的中央往上下方滾動擀麵棍，擀成13×20cm左右的長方形（③）。預先將作為收口處的下方部位擀得較薄（④）。

9 從麵皮的外側往內捲起（①）。不時用雙手大拇指按壓捲起的麵皮，緊緊地捲成棒狀（②）。讓收口處朝下並排在揉麵台上，蓋上徹底擰乾的濕布，在室溫下醒麵3分鐘左右（③）。

10 用雙手輕輕滾動9使其延展後，讓收口處的線條朝上，用掌心將麵團的一端壓平（①）。壓平的麵團如果很乾燥，用濕布輕輕拍濕（②）。

|| 壓著扁平端的麵團,將另一端往與9捲起的同一方向扭轉1圈,邊轉邊繞成圓形(①)。疊合麵團兩端(②)。翻面並用扁平的一端包覆另一端(③)。將包覆好的麵團兩側貼合並確實捏緊,使開口密合(④)。完成塑形後,置於鋪了烘焙紙的烤盤上(⑤)。

塑形

最終發酵

|2 將徹底擰乾的濕布蓋在11上,利用烤箱的發酵功能,設定40℃使其發酵30分鐘(①)。麵團在發酵之後會整個輕輕膨脹起來(②)。

水煮

|3 在開口較大的鍋子中煮沸大量熱水,加入蜂蜜(分量外)充分攪拌。1ℓ的熱水加入1大匙的蜂蜜。在麵團表面裹上一層蜂蜜,烘烤時糖分會融化,可烤出漂亮的金黃色澤。

|4 當鍋底開始冒出細小氣泡時,即是到達最佳水煮溫度的徵兆(①)。用刮板輕柔地拿取貝果麵團,一個個放入鍋中。此時貝果如果往下沉,表示發酵不足,要立即從熱水中撈起,再度進行發酵。不時用濾勺將貝果上下翻面,煮30秒。翻面時要先將濾勺置於貝果下方,溫柔地翻面(②)。

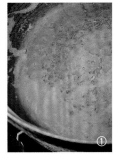 

水煮

|5 從熱水中撈起麵團,並排在鋪了烘焙紙的烤盤上。

烘烤

|6 放入預熱至200℃的烤箱中烘烤15分鐘,接著將烤盤前後對轉,視情況再烤6~7分鐘。只要改變烤盤的方向,即可烤出受熱均勻的漂亮貝果。

|7 烤好後立即取出,放在糕點散熱架上冷卻。貝果底部也確實上色即完成。若未上色完全,則再延長烘烤時間。冷卻後立刻覆蓋保鮮膜以防乾燥。

焦糖香蕉

作法→38頁

蔓越莓

作法→39頁

焦糖香蕉

使用香蕉乾碎塊和焦糖口味的巧克力碎片，即可輕鬆製作美味的內餡。作為下午茶點心恰恰好。

材料（直徑8～9cm，4個份）
【麵團】
┌ 高筋麵粉（春戀）===270 g
│ 全麥麵粉===30 g
A│ 鹽===5 g
│ 三溫糖===12 g
└ 速發乾酵母===1/3小匙
蜂蜜===6 g
水===160 g
【內餡】
焦糖巧克力碎片===80 g
香蕉乾碎塊===80 g
【潤飾】
原味餅乾薄片（P9）===60 g
粗糖===12 g

事前準備
＊混合高筋麵粉與全麥麵粉後過篩。

作法

準備
1 將A倒入調理缽中，在中央挖出一個凹洞，依序加入蜂蜜與水。

攪拌
2 用手攪拌至麵粉顆粒消失，聚攏成團後移至揉麵台上。

揉捏
3 用雙手確實揉捏8～10分鐘左右。待麵團表面變得光滑即完成。將麵團整圓後移至調理缽中。

一次發酵
4 以保鮮膜為3的麵團加蓋（P33），放進冰箱冷藏，讓麵團發酵20～30分鐘。

分割
5 用刮板將麵團分割成4等分。利用磅秤，等量分割。

6 將切面朝下搓圓，使5延展出平滑的表面。

醒麵
7 將徹底擰乾的濕布蓋在6上，於室溫下醒麵3分鐘左右。

塑形
8 用手將7輕輕壓平。讓麵團的閉合處朝上，重新放回揉麵台上，以擀麵棍擀成長方形。

9 參照包法D（P9），將20 g的焦糖巧克力碎片撒放至麵皮一半左右的位置，在麵皮外側擺上20 g的香蕉乾碎塊，往內捲成棒狀。蓋上徹底擰乾的濕布，於室溫下醒麵3分鐘左右。

10 滾動9使其延展後，讓收口處的線條朝上，用掌心將麵團的一端壓平。

11 壓著扁平端的麵團，將另一端扭轉1圈，邊轉邊繞成圓形，再疊合兩端。接著用扁平的一端包覆另一端。將包覆好的麵團兩側貼合並確實捏緊，使開口密合。

最終發酵
12 蓋上徹底擰乾的濕布，利用烤箱，在40℃下發酵30分鐘。

水煮
13 在鍋中煮沸大量熱水，並加入蜂蜜（分量外）。

14 待鍋底冒出細小氣泡後，將12的貝果麵團放入，不時上下翻面，煮30秒後撈起。

15 將14並排在鋪了烘焙紙的烤盤上。

烘烤
16 在15的上面各撒15 g的原味餅乾薄片以及3 g的粗糖，放入預熱至200℃的烤箱中烘烤15分鐘，接著將烤盤前後對轉，繼續烤6～7分鐘。

17 烤好後立即取出，放在糕點散熱架上冷卻。

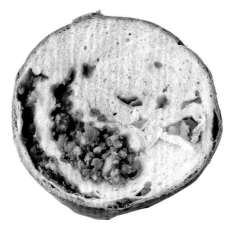

蔓越莓

材料（直徑8～9cm，4個份）
【麵團】

A
┌ 高筋麵粉（春戀）===270g
│ 全麥麵粉===30g
│ 鹽===5g
│ 三溫糖===12g
└ 速發乾酵母===1/3小匙

蜂蜜===6g
水===160g
蔓越莓乾===35g
【內餡】
蔓越莓乾===40g

事前準備
＊混合高筋麵粉與全麥麵粉後過篩。
＊將蔓越莓乾剁成粗末。

蔓越莓乾

特色在於鮮豔的紅色。由於具有恰到好處的酸味，經常用於麵包與甜點中，也很推薦拌入優格或穀物裡享用。

作法

準備

1　將A倒入調理缽中，在中央挖出一個凹洞，依序加入蜂蜜與水。

攪拌

2　用手攪拌至麵粉顆粒消失，聚攏成團後移至揉麵台上。

揉捏

3　以雙手確實揉捏5分鐘左右，使麵粉結塊消失，參照包法A（P8），揉好8成後加入蔓越莓乾，繼續揉捏3～5分鐘左右。待蔓越莓均勻混入整體、麵團表面變得光滑後即完成。將麵團整圓後移至調理缽中。

一次發酵

4　以保鮮膜為3的麵團加蓋（P33），放進冰箱冷藏，讓麵團發酵20～30分鐘。

分割

5　用刮板將麵團分割成4等分。利用磅秤，等量分割。

6　將切面朝下搓圓，使5延展出平滑的表面。

醒麵

7　將徹底擰乾的濕布蓋在6上，於室溫下醒麵3分鐘左右。

塑形

8　用手將7輕輕壓平。讓麵團的閉合處朝上，重新放回揉麵台上，以擀麵棍擀成長方形。

9　參照包法B（P8），將10g的蔓越莓乾擺在麵皮外側，往內捲成棒狀。蓋上徹底擰乾的濕布，於室溫下醒麵3分鐘左右。

10　滾動9使其延展後，讓收口處的線條朝上，用掌心將麵團的一端壓平。

11　壓著扁平端的麵團，將另一端扭轉1圈，邊轉邊繞成圓形，再疊合兩端。接著用扁平的一端包覆另一端。將包覆好的麵團兩側貼合並確實捏緊，使開口密合。

最終發酵

12　蓋上徹底擰乾的濕布，利用烤箱，在40℃下發酵30分鐘。

水煮

13　在鍋中煮沸大量熱水，並加入蜂蜜（分量外）。

14　待鍋底冒出細小氣泡後，將12的貝果麵團放入，不時上下翻面，煮30秒後撈起。

15　將14並排在鋪了烘焙紙的烤盤上。

烘烤

16　放入預熱至200℃的烤箱中烘烤15分鐘，接著將烤盤前後對轉，繼續烤6～7分鐘。

17　烤好後立即取出，放在糕點散熱架上冷卻。

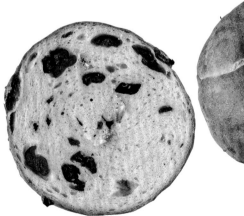

椰子巧克力

夏威夷豆
咖啡巧克力

作法→43頁

椰子巧克力

椰子粉可讓巧克力的苦味變得溫和，大量塗抹後烘烤而成。

材料（直徑8～9cm，4個份）

【麵團】

A
┌ 高筋麵粉（春戀）===270 g
│ 全麥麵粉===30 g
│ 鹽===5 g
│ 三溫糖===12 g
│ 速發乾酵母===1/3小匙
└ 無糖可可粉===15 g

蜂蜜===6 g
水===168 g

【內餡】
椰子粉（細粒款）===16 g
調溫巧克力片（P20）===60 g

【潤飾】
椰子粉（未經烘烤）===適量

事前準備

＊混合高筋麵粉、全麥麵粉與可可粉後過篩。

＊調溫巧克力片在使用前都放在冰箱冷藏，確實冰鎮備用。

＊內餡用的椰子粉先以160℃的烤箱烘烤6分鐘，攪拌後再烤2分鐘，冷卻備用。

椰子粉

椰子的甜甜香氣與脆脆口感很受喜愛。作為內餡使用時，烘烤一下會香氣四溢，提高其風味。

作法

準備

1　將A倒入調理缽中，在中央挖出一個凹洞，依序加入蜂蜜與水。

攪拌

2　用手攪拌至麵粉顆粒消失，聚攏成團後移至揉麵台上。

揉捏

3　用雙手確實揉捏8～10分鐘左右，表面變得光滑後即完成。將麵團整圓後移至調理缽中。

一次發酵

4　以保鮮膜為3的麵團加蓋（P33），放進冰箱冷藏，讓麵團發酵20～30分鐘。

分割

5　用刮板將麵團分割成4等分。利用磅秤，等量分割。

6　將切面朝下搓圓，使5延展出平滑的表面。

醒麵

7　將徹底擰乾的濕布蓋在6上，於室溫下醒麵3分鐘左右。

塑形

8　用手將7輕輕壓平。讓麵團的閉合處朝上，重新放回揉麵台上，以擀麵棍擀成長方形。

9　參照包法D（P9），將4g的椰子粉與15g的調溫巧克力片撒放至麵皮一半左右的位置，往內捲成棒狀。蓋上徹底擰乾的濕布，於室溫下醒麵3分鐘左右。

10　滾動9使其延展後，讓收口處的線條朝上，用掌心將麵團的一端壓平。

11　壓著扁平端的麵團，將另一端扭轉1圈，邊轉邊繞成圓形，再疊合兩端。接著用扁平的一端包覆另一端。將包覆好的麵團兩側貼合並確實捏緊，使開口密合。

最終發酵

12　蓋上徹底擰乾的濕布，利用烤箱，在40℃下發酵30分鐘。

水煮

13　在鍋中煮沸大量熱水，並加入蜂蜜（分量外）。

14　待鍋底冒出細小氣泡後，將12的貝果麵團放入，不時上下翻面，煮30秒後撈起。整體抹上潤飾用的椰子粉。

15　將14並排在鋪了烘焙紙的烤盤上。

烘烤

16　放入預熱至200℃的烤箱中烘烤15分鐘，接著將烤盤前後對轉，繼續烤6～7分鐘。

17　烤好後立即取出，放在糕點散熱架上冷卻。

夏威夷豆咖啡巧克力

macadamia nut

揉合了咖啡的麵團，配上巧克力以及夏威夷豆，堪稱最佳組合。放入整顆堅果來享受其口感吧！

coffee chocolate

材料（直徑8～9cm，4個份）

【麵團】

A
- 高筋麵粉（春戀）===270 g
- 全麥麵粉===30 g
- 鹽===5 g
- 三溫糖===12 g
- 速發乾酵母===1/3小匙
- 即溶咖啡（P20）===3 g
- 研磨咖啡豆（P20）===3 g

蜂蜜===6 g

水===155 g

調溫巧克力片（P20）===30 g

【內餡】

巧克力塊（P20）===12塊

夏威夷豆===20～24顆

【潤飾】

可可餅乾薄片（P9）===60 g

事前準備

＊混合高筋麵粉與全麥麵粉後過篩。

＊調溫巧克力片在使用前都放在冰箱冷藏，確實冰鎮備用。

作法

準備

1　將A倒入調理缽中，在中央挖出一個凹洞，依序加入蜂蜜與水。

攪拌

2　用手攪拌至麵粉顆粒消失，聚攏成團後移至揉麵台上。

揉捏

3　以雙手確實揉捏5分鐘左右，使麵粉結塊消失，參照包法A（P8），揉好8成後加入調溫巧克力片，繼續揉捏3～5分鐘左右。待巧克力均勻混入整體、麵團表面變得光滑後即完成。將麵團整圓後移至調理缽中。

一次發酵

4　以保鮮膜為3的麵團加蓋（P33），放進冰箱冷藏，讓麵團發酵20～30分鐘。

分割

5　用刮板將麵團分割成4等分。利用磅秤，等量分割。

6　將切面朝下搓圓，使5延展出平滑的表面。

醒麵

7　將徹底擰乾的濕布蓋在6上，於室溫下醒麵3分鐘左右。

塑形

8　用手將7輕輕壓平。讓麵團的閉合處朝上，重新放回揉麵台上，以擀麵棍擀成長方形。

9　參照包法C（P8），將3塊巧克力塊與5～6顆左右的夏威夷豆擺在麵皮外側，往內捲成棒狀。蓋上徹底擰乾的濕布，於室溫下醒麵3分鐘左右。

10　滾動9使其延展後，讓收口處的線條朝上，用掌心將麵團的一端壓平。

11　壓著扁平端的麵團，將另一端扭轉1圈，邊轉邊繞成圓形，再疊合兩端。接著用扁平的一端包覆另一端。將包覆好的麵團兩側貼合並確實捏緊，使開口密合。

最終發酵

12　蓋上徹底擰乾的濕布，利用烤箱，在40℃下發酵30分鐘。

水煮

13　在鍋中煮沸大量熱水，並加入蜂蜜（分量外）。

14　待鍋底冒出細小氣泡後，將12的貝果麵團放入，不時上下翻面，煮30秒後撈起。

15　將14並排在鋪了烘焙紙的烤盤上。

烘烤

16　在15的上面各撒15 g的可可餅乾薄片，放入預熱至200℃的烤箱中烘烤15分鐘，接著將烤盤前後對轉，繼續烤6～7分鐘。

17　烤好後立即取出，放在糕點散熱架上冷卻。

芒果乾奶油乳酪

作法→46頁

dried mango

一切開來，便完美地展露出芒果乾與乳酪奶油，顏色宛如甜點一般。乳酪恰到好處的酸味，有襯托芒果風味之效。

cream cheese

草莓白葡萄乾

作法→46頁

strawberry

這款貝果是以草莓的酸甜搭配白葡萄乾的清爽甜味，達到絕佳的平衡。草莓的顆粒口感也增添了一分層次感。

green raisin

肉桂蜜漬蘋果

作法→47頁

cinnamon

抹在蜜漬蘋果上的肉桂香氣，會在口中擴散開來。讓
沾裹燕麥片的那面朝下進行烘烤，即可確實黏合在麵
團上，烤出漂亮的成品。

semidried apple

芒果乾奶油乳酪

材料（直徑8～9cm，4個份）

【麵團】

A
高筋麵粉（春戀）===270 g
全麥麵粉===30 g
鹽===5 g
三溫糖===12 g
速發乾酵母===1/3小匙

蜂蜜===6 g

水===160 g

【內餡】

芒果乾===60 g

乳酪奶油（P24）===60 g

【潤飾】

白罌粟籽===適量

粗糖===12 g

事前準備

＊混合高筋麵粉與全麥麵粉後過篩。

＊乳酪奶油請參照P24來製作。

作法

準備

Ⅰ 將A倒入調理缽中，在中央挖出一個凹洞，依序加入蜂蜜與水。

攪拌

2 用手攪拌至麵粉顆粒消失，聚攏成團後移至揉麵台上。

揉捏

3 用雙手確實揉捏8～10分鐘左右，表面變得光滑後即完成。將麵團整圓後移至調理缽中。

一次發酵

4 以保鮮膜為3的麵團加蓋（P33），放進冰箱冷藏，讓麵團發酵20～30分鐘。

分割

5 用刮板將麵團分割成4等分。利用磅秤，等量分割。

6 將切面朝下搓圓，使5延展出平滑的表面。

醒麵

7 將徹底擰乾的濕布蓋在6上，於室溫下醒麵3分鐘左右。

塑形

8 用手將7輕輕壓平。讓麵團的閉合處朝上，重新放回揉麵台上，以擀麵棍擀成長方形。

9 參照包法C（P8），將15 g的乳酪奶油與15 g的芒果乾重疊擺在麵皮外側，往內捲成棒狀。蓋上徹底擰乾的濕布，於室溫下醒麵3分鐘左右。

10 滾動9使其延展後，讓收口處的線條朝上，用掌心將麵團的一端壓平。

11 壓著扁平端的麵團，將另一端扭轉1圈，邊轉邊繞成圓形，再疊合兩端。接著用扁平的一端包覆另一端。將包覆好的麵團兩側貼合並確實捏緊，使開口密合。

最終發酵

12 蓋上徹底擰乾的濕布，利用烤箱，在40℃下發酵30分鐘。

水煮

13 在鍋中煮沸大量熱水，並加入蜂蜜（分量外）。

14 待鍋底冒出細小氣泡後，將12的貝果麵團放入，不時上下翻面，煮30秒後撈起。

15 將14並排在鋪了烘焙紙的烤盤上。

烘烤

16 在15的上面撒罌粟籽與3 g的粗糖，放入預熱至200℃的烤箱中烘烤15分鐘，接著將烤盤前後對轉，繼續烤6～7分鐘。

17 烤好後立即取出，放在糕點散熱架上冷卻。

草莓白葡萄乾

材料（直徑8～9cm，4個份）

【麵團】

A
高筋麵粉（春戀）===270 g
全麥麵粉===30 g
鹽===5 g
三溫糖===12 g
速發乾酵母===1/3小匙

蜂蜜===6 g

水===160 g

半乾草莓乾（整顆）===30 g

白葡萄乾===20 g

【內餡】

白葡萄乾===60 g

半乾草莓乾（整顆）===8顆

事前準備

＊混合高筋麵粉與全麥麵粉後過篩。

＊將半乾草莓乾切成2～3等分（P21）。

作法

未標記的步驟請參照「芒果乾奶油乳酪」，如法炮製。

揉捏

3 以雙手確實揉捏5分鐘左右，使麵粉結塊消失，參照包法A（P8），揉好8成後加入半乾草莓乾與白葡萄乾，繼續揉捏3～5分鐘左右。待餡料混入整體，麵團表面變得光滑後即完成。將麵團整圓後移至調理缽中。

塑形

9 參照包法C（P8），將15 g的白葡萄乾與2顆份的半乾草莓乾擺在麵皮外側，往內捲成棒狀。蓋上徹底擰乾的濕布，於室溫下醒麵3分鐘左右。

烘烤

16 放入預熱至200℃的烤箱中烘烤15分鐘，接著將烤盤前後對轉，繼續烤6～7分鐘。

白葡萄乾

和其他葡萄乾相比不會過甜，還可感受到酸味。呈漂亮的淡綠色，直接使用或製成醃漬水果也很方便。

肉桂蜜漬蘋果

材料（直徑8～9cm，4個份）

【麵團】

A
- 高筋麵粉（春戀）===270 g
- 全麥麵粉===30 g
- 鹽===5 g
- 三溫糖===6 g
- 速發乾酵母===1/3小匙

蜂蜜===6 g
水===160 g

【內餡】
蜜漬蘋果（市售，P24）===120 g
肉桂粉===適量

【潤飾】
燕麥片===適量

事前準備
＊混合高筋麵粉與全麥麵粉後過篩。
＊將蜜漬蘋果切成一口大小，沾裹肉桂粉備用（照片a）。

作法

準備

1　將A倒入調理缽中，在中央挖出一個凹洞，依序加入蜂蜜與水。

攪拌

2　用手攪拌至麵粉顆粒消失，聚攏成團後移至揉麵台上。

揉捏

3　用雙手確實揉捏8～10分鐘左右，表面變得光滑後即完成。將麵團整圓後移至調理缽中。

一次發酵

4　以保鮮膜為3的麵團加蓋（P33），放進冰箱冷藏，讓麵團發酵20～30分鐘。

分割

5　用刮板將麵團分割成4等分。利用磅秤，等量分割。

6　將切面朝下搓圓，使5延展出平滑的表面。

醒麵

7　將徹底擰乾的濕布蓋在6上，於室溫下醒麵3分鐘左右。

塑形

8　用手將7輕輕壓平。讓麵團的閉合處朝上，重新放回揉麵台上，以擀麵棍擀成長方形。

9　參照包法B（P8），將30 g已裹上肉桂粉的蜜漬蘋果擺在麵皮外側，往內捲成棒狀。蓋上徹底擰乾的濕布，於室溫下醒麵3分鐘左右。

10　滾動9使其延展後，讓收口處的線條朝上，用掌心將麵團的一端壓平。

11　壓著扁平端的麵團，將另一端扭轉1圈，邊轉邊繞成圓形，再疊合兩端。接著用扁平的一端包覆另一端。將包覆好的麵團兩側貼合並確實捏緊，使開口密合。

最終發酵

12　蓋上徹底擰乾的濕布，利用烤箱，在40℃下發酵30分鐘。

水煮

13　在鍋中煮沸大量熱水，並加入蜂蜜（分量外）。

14　待鍋底冒出細小氣泡後，將12的貝果麵團放入，不時上下翻面，煮30秒後撈起。在閉合面沾裹燕麥片（照片b）。

15　讓沾裹燕麥片的那面朝下，並排在鋪了烘焙紙的烤盤上（照片c）。

烘烤

16　放入預熱至200℃的烤箱中烘烤15分鐘，接著將烤盤前後對轉，繼續烤6～7分鐘。

17　烤好後立即取出，讓沾裹燕麥片的那面朝上，放在糕點散熱架上冷卻。

dried mango
cream cheese

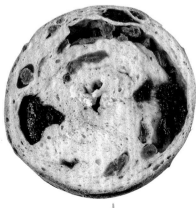

strawberry
green raisin

cinnamon
semidried apple

抹茶杏桃牛奶

作法→50頁

黑芝麻地瓜

作法→51頁

抹茶杏桃牛奶

green tea

apricot milk

有綠、有白，還有橙色，是兼具美麗配色的組合。另外還以白葡萄酒結合杏桃乾，因此香氣也很濃郁。

材料（直徑8～9cm，4個份）
【麵團】
A
┌ 高筋麵粉（春戀）===270 g
│ 全麥麵粉===30 g
│ 鹽===5 g
│ 三溫糖===12 g
│ 速發乾酵母===1/3小匙
└ 抹茶===8 g
蜂蜜===6 g
水===168 g
【內餡】
泡軟的杏桃乾（下記）===80 g
白巧克力碎片===60 g
【潤飾】
原味餅乾薄片（P9）===60 g
白罌粟籽===適量
粗糖===12 g

事前準備
＊混合高筋麵粉、全麥麵粉與抹茶後過篩。

杏桃乾泡軟的方式

材料
杏桃乾 200 g
白葡萄酒 80 g
三溫糖 50 g
作法
將材料倒入耐熱容器中，稍微攪拌後輕柔地覆上保鮮膜，接著用微波爐加熱2分鐘，靜置冷卻即可。用剩的裝進保存容器中，放冰箱冷藏可保存1個月。

作法
準備
1 將A倒入調理缽中，在中央挖出一個凹洞，依序加入蜂蜜與水。
攪拌
2 用手攪拌至麵粉顆粒消失，聚攏成團後移至揉麵台上。
揉捏
3 用雙手確實揉捏8～10分鐘左右，表面變得光滑後即完成。將麵團整圓後移至調理缽中。
一次發酵
4 以保鮮膜為3的麵團加蓋（P33），放進冰箱冷藏，讓麵團發酵20～30分鐘。
分割
5 用刮板將麵團分割成4等分。利用磅秤，等量分割。
6 將切面朝下搓圓，使5延展出平滑的表面。
醒麵
7 將徹底擰乾的濕布蓋在6上，於室溫下醒麵3分鐘左右。
塑形
8 用手將7輕輕壓平。讓麵團的閉合處朝上，重新放回揉麵台上，以擀麵棍擀成長方形。

9 參照包法C（P8），將20 g的杏桃乾與15 g的白巧克力碎片重疊擺在麵皮外側，往內捲成棒狀。蓋上徹底擰乾的濕布，於室溫下醒麵3分鐘左右。
10 滾動9使其延展後，讓收口處的線條朝上，用掌心將麵團的一端壓平。
11 壓著扁平端的麵團，將另一端扭轉1圈，邊轉邊繞成圓形，再疊合兩端。接著用扁平的一端包覆另一端。將包覆好的麵團兩側貼合並確實捏緊，使開口密合。
最終發酵
12 蓋上徹底擰乾的濕布，利用烤箱，在40℃下發酵30分鐘。
水煮
13 在鍋中煮沸大量熱水，並加入蜂蜜（分量外）。
14 待鍋底冒出細小氣泡後，將12的貝果麵團放入，不時上下翻面，煮30秒後撈起。
15 將14並排在鋪了烘焙紙的烤盤上。
烘烤
16 在15的上面各撒15 g的原味餅乾薄片、罌粟籽以及3 g的粗糖，放入預熱至200℃的烤箱中烘烤15分鐘，接著將烤盤前後對轉，繼續烤6～7分鐘。
17 烤好後立即取出，放在糕點散熱架上冷卻。

黑芝麻地瓜

black sesame

豪邁地放入煮得甜滋滋的地瓜，屬於嚼勁十足的貝果。甜燉地瓜改用市售的現成品也OK，訣竅在於瀝乾水分再捲入。

sweet potato

材料（直徑8～9cm，4個份）
【麵團】
A ┌ 高筋麵粉（春戀）===270 g
  │ 全麥麵粉===30 g
  │ 鹽===5 g
  │ 三溫糖===12 g
  └ 速發乾酵母===1/3小匙
蜂蜜===6 g
水===160 g
炒黑芝麻===20 g
【內餡】
甜燉地瓜（下記）===100 g
【潤飾】
炒黑芝麻===適量
粗糖===12 g

事前準備
＊混合高筋麵粉與全麥麵粉後過篩。

甜燉地瓜

材料
地瓜 150 g
三溫糖 1.5大匙
鹽 少許
作法
地瓜帶皮切成1cm寬的圓片，並排在直徑26cm的平底鍋中。倒入剛好淹過地瓜的水（分量外），加入三溫糖與鹽，以中火燉煮。煮軟至用竹籤可刺入的程度即完成。用剩的裝進保存容器中，放冷凍庫可保存1個月。

作法
準備
I 將A倒入調理缽中，在中央挖出一個凹洞，依序加入蜂蜜與水。
攪拌
2 用手攪拌至麵粉顆粒消失，聚攏成團後移至揉麵台上。
揉捏
3 以雙手確實揉捏5分鐘左右，使麵粉結塊消失，參照包法A（P8），揉好8成後加入黑芝麻，繼續揉捏3～5分鐘左右。待黑芝麻均勻混入整體、麵團表面變得光滑後即完成。將麵團整圓後移至調理缽中。
一次發酵
4 以保鮮膜為3的麵團加蓋（P33），放進冰箱冷藏，讓麵團發酵20～30分鐘。
分割
5 用刮板將麵團分割成4等分。利用磅秤，等量分割。
6 將切面朝下搓圓，使5延展出平滑的表面。
醒麵
7 將徹底擰乾的濕布蓋在6上，於室溫下醒麵3分鐘左右。
塑形
8 用手將7輕輕壓平。讓麵團的閉合處朝上，重新放回揉麵台上，以擀麵棍擀成長方形。

9 參照包法B（P8），將25 g的甜燉地瓜擺在麵皮外側，往內捲成棒狀。如果地瓜水分較多，則先用廚房紙巾擦乾水分再放入。蓋上徹底擰乾的濕布，於室溫下醒麵3分鐘左右。
10 滾動9使其延展後，讓收口處的線條朝上，用掌心將麵團的一端壓平。
11 壓著扁平端的麵團，將另一端扭轉1圈，邊轉邊繞成圓形，再疊合兩端。接著用扁平的一端包覆另一端。將包覆好的麵團兩側貼合並確實捏緊，使開口密合。
最終發酵
12 蓋上徹底擰乾的濕布，利用烤箱，在40℃下發酵30分鐘。
水煮
13 在鍋中煮沸大量熱水，並加入蜂蜜（分量外）。
14 待鍋底冒出細小氣泡後，將12的貝果麵團放入，不時上下翻面，煮30秒後撈起。
15 將14並排在鋪了烘焙紙的烤盤上。
烘烤
16 在15的上面撒黑芝麻與3 g的粗糖，放入預熱至200℃的烤箱中烘烤15分鐘，接著將烤盤前後對轉，繼續烤6～7分鐘。
17 烤好後立即取出，放在糕點散熱架上冷卻。

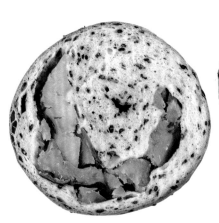

香腸芥末

sausage and

grain mustard

這款貝果裡的香腸充滿芥末籽醬的辛辣滋味，應該也會受到男性青睞。內餡富嚼勁，很適合充當正餐。

材料（直徑8～9cm，4個份）
【麵團】
A
┌ 高筋麵粉（春戀）===270 g
│ 全麥麵粉===30 g
│ 鹽===5 g
│ 三溫糖===6 g
└ 速發乾酵母===1/3小匙
蜂蜜===6 g
水===160 g
【內餡】
芥末籽醬===20 g
粗絞肉香腸===80 g
【潤飾】
粗磨黑胡椒===適量
結晶鹽===適量

事前準備
＊混合高筋麵粉與全麥麵粉後過篩。
＊將香腸切成1.5cm的小段。

作法

準備
1 將A倒入調理缽中，在中央挖出一個凹洞，依序加入蜂蜜與水。

攪拌
2 用手攪拌至麵粉顆粒消失，聚攏成團後移至揉麵台上。

揉捏
3 用雙手確實揉捏8～10分鐘左右，表面變得光滑即完成。將麵團整圓後移至調理缽中。

一次發酵
4 以保鮮膜為3的麵團加蓋（P33），放進冰箱冷藏，讓麵團發酵20～30分鐘。

分割
5 用刮板將麵團分割成4等分。利用磅秤，等量分割。
6 將切面朝下搓圓，使5延展出平滑的表面。

醒麵
7 將徹底擰乾的濕布蓋在6上，於室溫下醒麵3分鐘左右。

塑形
8 用手將7輕輕壓平。讓麵團的閉合處朝上，重新放回揉麵台上，以擀麵棍擀成長方形。

9 參照包法C（P8），將5 g的芥末籽醬與20 g左右（5小段）的香腸擺在麵皮外側，往內捲成棒狀。蓋上徹底擰乾的濕布，於室溫下醒麵3分鐘左右。
10 滾動9使其延展後，讓收口處的線條朝上，用掌心將麵團的一端壓平。
11 壓著扁平端的麵團，將另一端扭捏1圈，邊轉邊繞成圓形，再疊合兩端。接著用扁平的一端包覆另一端。將包覆好的麵團兩側貼合並確實捏緊，使開口密合。

最終發酵
12 蓋上徹底擰乾的濕布，利用烤箱，在40℃下發酵30分鐘。

水煮
13 在鍋中煮沸大量熱水，並加入蜂蜜（分量外）。
14 待鍋底冒出細小氣泡後，將12的貝果麵團放入，不時上下翻面，煮30秒後撈起。
15 將14並排在鋪了烘焙紙的烤盤上。

烘烤
16 在15的上面撒粗磨黑胡椒與結晶鹽，放入預熱至200℃的烤箱中烘烤15分鐘，接著將烤盤前後對轉，繼續烤6～7分鐘。
17 烤好後立即取出，放在糕點散熱架上冷卻。

Q彈・鹹食系 53

結合番茄乾、羅勒與奶油乳酪，呈現出義大利國旗的意象。如披薩般的內餡，搭配貝果再適合不過了。

italian

義式風味

作法→56頁

義式辣味香腸乳酪

作法→56頁

pepperoni cheese

將香料揉入麵團裡，再包捲香辣的義式臘腸或義式辣味香腸，製成辛辣口味的貝果。將切達乳酪改成加工乳酪來製作，美味亦絲毫不減。

白芝麻培根

作法→57頁

white sesame

在麵團與內餡裡使用大量的白芝麻,再結合切
細的培根,營養豐富彷彿一道菜餚,因此也很
推薦作為早餐。

bacon

義式風味

材料（直徑8〜9cm，4個份）

【麵團】

A
- 高筋麵粉（春戀）===270 g
- 全麥麵粉===30 g
- 鹽===5 g
- 三溫糖===6 g
- 速發乾酵母===1/3小匙

蜂蜜===6 g

水===160 g

【內餡】

新鮮羅勒葉===16片

奶油乳酪===60 g

番茄乾===24 g（8顆）

無籽綠橄欖===8顆

【潤飾】

結晶鹽===適量

天然乳酪（切細）===60 g

事前準備

＊混合高筋麵粉與全麥麵粉後過篩。

作法

準備

1 將A倒入調理缽中，在中央挖出一個凹洞，依序加入蜂蜜與水。

攪拌

2 用手攪拌至麵粉顆粒消失，聚攏成團後移至揉麵台上。

揉捏

3 用雙手確實揉捏8〜10分鐘左右，表面變得光滑即完成。將麵團整圓後移至調理缽中。

一次發酵

4 以保鮮膜為3的麵團加蓋（P33），放進冰箱冷藏，讓麵團發酵20〜30分鐘。

分割

5 用刮板將麵團分割成4等分。利用磅秤，等量分割。

6 將切面朝下搓圓，使5延展出平滑的表面。

醒麵

7 將徹底擰乾的濕布蓋在6上，於室溫下醒麵3分鐘左右。

塑形

8 用手將7輕輕壓平。讓麵團的閉合處朝上，重新放回揉麵台上，以擀麵棍擀成長方形。

9 參照包法C（P8），將4片新鮮羅勒葉鋪至麵皮一半左右的位置，麵皮外側則擺上15g的奶油乳酪、6g（2顆）番茄乾與2顆綠橄欖，接著往內捲成棒狀。蓋上徹底擰乾的濕布，於室溫下醒麵3分鐘左右。

10 滾動9使其延展後，讓收口處的線條朝上，用掌心將麵團的一端壓平。

11 壓著扁平端的麵團，將另一端扭轉1圈，邊轉邊繞成圓形，再疊合兩端。接著用扁平的一端包覆另一端。將包覆好的麵團兩側貼合並確實捏緊，使開口密合。

最終發酵

12 蓋上徹底擰乾的濕布，利用烤箱，在40℃下發酵30分鐘。

水煮

13 在鍋中煮沸大量熱水，並加入蜂蜜（分量外）。

14 待鍋底冒出細小氣泡後，將12的貝果麵團放入，不時上下翻面，煮30秒後撈起。

15 將14並排在鋪了烘焙紙的烤盤上。

烘烤

16 在15的上面撒結晶鹽與15g的天然乳酪，放入預熱至200℃的烤箱中烘烤15分鐘，接著將烤盤前後對轉，繼續烤6〜7分鐘。

17 烤好後立即取出，放在糕點散熱架上冷卻。

義式辣味香腸乳酪

材料（直徑8〜9cm，4個份）

【麵團】

A
- 高筋麵粉（春戀）===270 g
- 全麥麵粉===30 g
- 鹽===5 g
- 三溫糖===6 g
- 速發乾酵母===1/3小匙
- 印度綜合香料===1/2小匙
- 辣椒粉===1小匙

蜂蜜===6 g

水===160 g

炒黑芝麻===1小匙

【內餡】

義式辣味香腸===40 g（20〜24片）

紅切達乳酪===48 g

【潤飾】

結晶鹽===適量

帕馬森乾酪===適量

炒黑芝麻===適量

事前準備

＊混合高筋麵粉與全麥麵粉後過篩。

＊將切達乳酪切成1cm的丁狀。

作法

未標記的步驟請參照「義式風味」，如法炮製。

揉捏

3 以雙手確實揉捏5分鐘左右，使麵粉結塊消失，參照包法A（P8），揉好8成後加入黑芝麻，繼續揉捏3〜5分鐘左右。待黑芝麻均勻混入整體、麵團表面變得光滑後即完成。將麵團整圓後移至調理缽中。

塑形

9 參照包法D（P9），將10g（約5〜6片）的義式辣味香腸鋪至麵皮一半左右的位置，撒上12g的切達乳酪，往內捲成棒狀。蓋上徹底擰乾的濕布，於室溫下醒麵3分鐘左右。

烘烤

16 在15的上面撒結晶鹽、帕馬森乾酪與黑芝麻，放入預熱至200℃的烤箱中烘烤15分鐘，接著將烤盤前後對轉，繼續烤6〜7分鐘。

白芝麻培根

材料（直徑8～9cm，4個份）

【麵團】

A
- 高筋麵粉（春戀）===270 g
- 全麥麵粉===30 g
- 鹽===5 g
- 三溫糖===6 g
- 速發乾酵母===1/3小匙

蜂蜜===6 g
水===163 g
炒白芝麻===20 g

【內餡】
奶油乳酪===60 g
炒白芝麻===16 g
培根===48 g

【潤飾】
結晶鹽===適量
帕馬森乾酪===適量

事前準備
＊混合高筋麵粉與全麥麵粉後過篩。
＊將培根切成約2mm寬的細條狀。

作法

準備

1　將A倒入調理缽中，在中央挖出一個凹洞，依序加入蜂蜜與水。

攪拌

2　用手攪拌至麵粉顆粒消失，聚攏成團後移至揉麵台上。

揉捏

3　以雙手確實揉捏5分鐘左右，使麵粉結塊消失，參照包法A（P8），揉好8成後加入白芝麻，繼續揉捏3～5分鐘左右。待白芝麻均勻混入整體、麵團表面變得光滑即完成。將麵團整圓後移至調理缽中。

一次發酵

4　以保鮮膜為3的麵團加蓋（P33），放進冰箱冷藏，讓麵團發酵20～30分鐘。

分割

5　用刮板將麵團分割成4等分。利用磅秤，等量分割。

6　將切面朝下搓圓，使5延展出平滑的表面。

醒麵

7　將徹底擰乾的濕布蓋在6上，於室溫下醒麵3分鐘左右。

塑形

8　用手將7輕輕壓平。讓麵團的閉合處朝上，重新放回揉麵台上，以擀麵棍擀成長方形。

9　參照包法C（P8），將15g的奶油乳酪、4g白芝麻與12g的培根擺在麵皮外側，往內捲成棒狀。蓋上徹底擰乾的濕布，於室溫下醒麵3分鐘左右。

10　滾動9使其延展後，讓收口處的線條朝上，用掌心將麵團的一端壓平。

11　壓著扁平端的麵團，將另一端扭轉1圈，邊轉邊繞成圓形，再疊合兩端。接著用扁平的一端包覆另一端。將包覆好的麵團兩側貼合並確實捏緊，使開口密合。

最終發酵

12　蓋上徹底擰乾的濕布，利用烤箱，在40℃下發酵30分鐘。

水煮

13　在鍋中煮沸大量熱水，並加入蜂蜜（分量外）。

14　待鍋底冒出細小氣泡後，將12的貝果麵團放入，不時上下翻面，煮30秒後撈起。

15　將14並排在鋪了烘焙紙的烤盤上。

烘烤

16　在15的上面撒結晶鹽與帕馬森乾酪，放入預熱至200℃的烤箱中烘烤15分鐘，接著將烤盤前後對轉，繼續烤6～7分鐘。

17　烤好後立即取出，放在糕點散熱架上冷卻。

part 3
扎實貝果

繞圈扭轉成型，

富有彈性，質地緊密結實。

只要細細咀嚼，小麥的樸實味道便會在口中擴散開來。

基礎扎實原味貝果的作法

材料 （直徑9cm，4個份／6個份）

【麵團】		
A	準高筋麵粉（ER型）	300 g／500 g
	鹽	6 g／10 g
	三溫糖	6 g／10 g
	速發乾酵母	1/3小匙／1/2小匙
蜂蜜		8 g／13 g
水		140 g／232 g

事前準備
＊準高筋麵粉先過篩。

＊照片裡的是6個份，請依自己想要的數量來製作。

關於麵粉

ER型

準高筋麵粉。和高筋麵粉相比，此種麵粉的蛋白質含量較少，適合用來製作法國麵包等硬實類型的麵包。特色在於，可以做出扎實而有嚼勁的成品。

作法

準備

1 將A倒入調理缽中，在中央挖出一個凹洞，依序加入蜂蜜與水。

攪拌

2 一邊用單手旋轉調理缽，一邊用掌心確實抓起麵粉，施加身體的重量來攪拌（①）。麵粉顆粒消失後聚攏成團。移放到鋪了止滑墊的揉麵台上（②）。

揉捏

3 利用雙手大拇指與手腕的交界處以及掌心，反覆摺疊麵團並確實施加身體的重量揉8～10分鐘左右（①）。麵粉結塊消失、且表面變得光滑後即完成（②）。

一次發酵

4 將麵團整圓後移至調理缽中，以保鮮膜為蓋（覆蓋保鮮膜使其貼附麵團），放進冰箱冷藏，讓麵團發酵20～30分鐘。如此可讓麵粉與水分相融，使麵團變得光滑。

5 取出麵團放到揉麵台上，用刮板（P94）將麵團平均分割成6等分（①）。以磅秤先測量麵團的整體重量，接著算出1個份的重量，再等量分割（②）。

6 為確保表面平滑，邊搓圓邊將分割切面往內藏。

7 將6的閉合處朝下並排在揉麵台上，蓋上徹底擰乾的濕布，於室溫下醒麵3分鐘左右。如此可排除麵團多餘的筋性，變得容易塑形。

8 經過3分鐘後，用手將麵團輕輕壓平（①）。讓閉合處朝上後，再放回揉麵台上（②）。從麵團的中央往上下方滾動擀麵棍，擀成13×20cm左右的長方形（③）。預先將作為收口處的下方部位擀得較薄（④）。

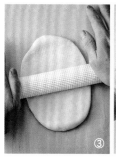

9 從麵皮的外側往內捲起（①）。不時用雙手大拇指按壓捲起的麵皮，緊緊地捲成棒狀（②）。讓收口處朝下並排在揉麵台上，蓋上徹底擰乾的濕布，在室溫下醒麵3分鐘左右（③）。

10 用雙手輕輕滾動9使其延展後，讓收口處的線條朝上，用掌心將麵團的一端壓平（①）。壓平的麵團如果很乾燥，用濕布輕輕拍濕（②）。

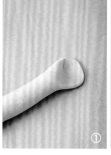

塑形

11　壓著扁平端的麵團,將另一端往與9捲起的同一方向扭轉2～2.5圈(①)。將扭轉那端繞成圓形,疊合麵團兩端(②)。翻面並用扁平的一端包覆另一端(③)。將包覆好的麵團兩側捏緊貼合,使開口確實密合(④),即完成塑形(⑤)。

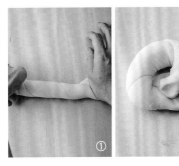

最終發酵

12　將11置於鋪了烘焙紙的烤盤上,蓋上徹底擰乾的濕布,利用烤箱的發酵功能,設定40℃使其發酵30分鐘(①)。麵團發酵之後會整個輕輕地膨脹起來(②)。

水煮

13　在開口較大的鍋子中煮沸大量熱水,加入蜂蜜(分量外)充分攪拌。1ℓ的熱水加入1大匙的蜂蜜。在麵團表面裹上一層蜂蜜,烘烤時糖分便會融化,可烤出漂亮的金黃色澤。

水煮

14　當鍋底開始冒出細小氣泡時,即是到達最佳水煮溫度的徵兆(①)。用刮板輕柔地拿取貝果麵團,一個個放入鍋中(②)。此時貝果如果往下沉,表示發酵不足,要立即從熱水中撈起,再度進行發酵。不時用濾勺將貝果上下翻面,煮30秒。翻面時要先將濾勺置於貝果下方,溫柔地翻面(③)。

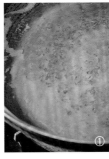

水煮

15　從熱水中撈起麵團,並排在鋪了烘焙紙的烤盤上。

烘烤

16　放入預熱至200℃的烤箱中烘烤15分鐘,接著將烤盤前後對轉,視情況再烤6～7分鐘。只要改變烤盤的方向,即可烤出受熱均勻的漂亮貝果。

17　烤好後立即取出,放在糕點散熱架上冷卻。貝果底部也確實上色即完成。若未上色完全,則再延長烘烤時間。冷卻後立刻覆蓋保鮮膜以防乾燥。

柳橙巧克力

裡面包了大量與糖漬柳橙皮對味的巧克力，味道極富深度。不單只有甜味，還可感受到酸味與微苦的滋味。

材料（直徑9cm，4個份）

【麵團】

A ｜ 準高筋麵粉（ER型）===300 g
　 ｜ 鹽===6 g
　 ｜ 三溫糖===12 g
　 ｜ 速發乾酵母===1/3小匙
　 ｜ 無糖可可粉===15 g
蜂蜜===8 g
水===150 g

【內餡】
糖漬柳橙皮===72 g
調溫巧克力片（P20）===60 g

【潤飾】
可可餅乾薄片（P9）===60 g
粗糖===12 g

事前準備

＊準高筋麵粉與可可粉先過篩。
＊調溫巧克力片在使用前，都先放在冰箱冷藏，確實冰鎮備用。

糖漬柳橙皮

以砂糖與水熬煮柳橙皮而成。特色在於柳橙的清爽酸味與濃郁的甜味。也很常運用在磅蛋糕與巧克力點心中。

作法

準備

1 將A倒入調理缽中，在中央挖出一個凹洞，依序加入蜂蜜與水。

攪拌

2 用手攪拌至麵粉顆粒消失，聚攏成團後移至揉麵台上。

揉捏

3 用雙手確實揉捏8〜10分鐘左右，表面變得光滑即完成。將麵團整圓後移至調理缽中。

一次發酵

4 以保鮮膜為3的麵團加蓋（P59），放進冰箱冷藏，讓麵團發酵20〜30分鐘。

分割

5 用刮板將麵團分割成4等分。利用磅秤，等量分割。

6 將切面朝下搓圓，使5延展出平滑的表面。

醒麵

7 將徹底擰乾的濕布蓋在6上，於室溫下醒麵3分鐘左右。

塑形

8 用手將7輕輕壓平。讓麵團的閉合處朝上，重新放回揉麵台上，以擀麵棍擀成長方形。

9 參照包法D（P9），將18g的糖漬柳橙皮與15g的調溫巧克力片撒放至麵皮一半左右的位置，往內捲成棒狀。蓋上徹底擰乾的濕布，於室溫下醒麵3分鐘左右。

10 滾動9使其延展後，讓收口處的線條朝上，用掌心將麵團的一端壓平。

11 壓著扁平端的麵團，將另一端扭轉2〜2.5圈，邊轉邊繞成圓形，再疊合兩端。接著用扁平的一端包覆另一端。將包覆好的麵團兩側捏緊貼合，使開口確實密合。

最終發酵

12 蓋上徹底擰乾的濕布，利用烤箱，在40℃下發酵30分鐘。

水煮

13 在鍋中煮沸大量熱水，並加入蜂蜜（分量外）。

14 待鍋底冒出細小氣泡後，將12的貝果麵團放入，不時上下翻面，煮30秒後撈起。

15 將14並排在鋪了烘焙紙的烤盤上。

烘烤

16 在15的上面各撒15g的可可餅乾薄片與3g的粗糖，放入預熱至200℃的烤箱中烘烤15分鐘，接著將烤盤前後對轉，繼續烤6〜7分鐘。

17 烤好後立即取出，放在糕點散熱架上冷卻。

檸檬皮奶油乳酪

作法→66頁

肉桂糖粉
作法→67頁

檸檬皮奶油乳酪

爽口且帶甜味的糖漬檸檬皮與奶油乳酪堪稱絕配。作為正餐或點心都很適合，因此在店裡也是超受歡迎的口味。

材料（直徑9cm，4個份）
【麵團】
A
├ 準高筋麵粉（ER型）===300 g
├ 鹽===6 g
├ 三溫糖===6 g
└ 速發乾酵母===1/3小匙
蜂蜜===8 g
水===140 g
【內餡】
糖漬檸檬皮（市售，P31）===80 g
奶油乳酪===60 g
【潤飾】
粗糖===40 g

事前準備
＊準高筋麵粉先過篩。
＊將糖漬檸檬皮切碎。

作法
準備
1　將A倒入調理缽中，在中央挖出一個凹洞，依序加入蜂蜜與水。
攪拌
2　用手攪拌至麵粉顆粒消失，聚攏成團後移至揉麵台上。
揉捏
3　用雙手確實揉捏8～10分鐘左右，表面變得光滑即完成。將麵團整圓後移至調理缽中。
一次發酵
4　以保鮮膜為3的麵團加蓋（P59），放進冰箱冷藏，讓麵團發酵20～30分鐘。
分割
5　用刮板將麵團分割成4等分。利用磅秤，等量分割。
6　將切面朝下搓圓，使5延展出平滑的表面。
醒麵
7　將徹底擰乾的濕布蓋在6上，於室溫下醒麵3分鐘左右。
塑形
8　用手將7輕輕壓平。讓麵團的閉合處朝上，重新放回揉麵台上，以擀麵棍擀成長方形。

9　參照包法D（P9），將20 g的糖漬檸檬皮撒放至麵皮一半左右的位置，麵團外側則擺上15 g的奶油乳酪，接著往內捲成棒狀。蓋上徹底擰乾的濕布，於室溫下醒麵3分鐘左右。
10　滾動9使其延展後，讓收口處的線條朝上，用掌心將麵團的一端壓平。
11　壓著扁平端的麵團，將另一端扭轉2～2.5次，邊轉邊繞成圓形，再疊合兩端。接著用扁平的一端包覆另一端。將包覆好的麵團兩側捏緊貼合，使開口確實密合。
最終發酵
12　蓋上徹底擰乾的濕布，利用烤箱，在40℃下發酵30分鐘。
水煮
13　在鍋中煮沸大量熱水，並加入蜂蜜（分量外）。
14　待鍋底冒出細小氣泡後，將12的貝果麵團放入，不時上下翻面，煮30秒後撈起。
15　將14並排在鋪了烘焙紙的烤盤上。
烘烤
16　在15的上面各撒10 g的粗糖，放入預熱至200℃的烤箱中烘烤15分鐘，接著將烤盤前後對轉，繼續烤6～7分鐘。
17　烤好後立即取出，放在糕點散熱架上冷卻。

肉桂糖粉

cinnamon

sugar

肉桂糖粉貝果十分樸實，所以百吃不膩，是每日貝果不可或缺的經典口味。

材料（直徑9cm，4個份）

【麵團】

A
準高筋麵粉（ER型）===300 g
鹽===6 g
三溫糖===6 g
速發乾酵母===1/3小匙

蜂蜜===8 g
水===140 g

【內餡】
粗糖===50 g
肉桂粉===10 g

【潤飾】
粗糖===40 g
肉桂粉===適量

事前準備
＊準高筋麵粉先過篩。
＊混合內餡的粗糖與肉桂粉，製成肉桂糖粉。

作法

準備
1　將A倒入調理缽中，在中央挖出一個凹洞，依序加入蜂蜜與水。

攪拌
2　用手攪拌至麵粉顆粒消失，聚攏成團後移至揉麵台上。

揉捏
3　用雙手確實揉捏8～10分鐘左右，表面變得光滑即完成。將麵團整圓後移至調理缽中。

一次發酵
4　以保鮮膜為3的麵團加蓋（P59），放進冰箱冷藏，讓麵團發酵20～30分鐘。

分割
5　用刮板將麵團分割成4等分。利用磅秤，等量分割。

6　將切面朝下搓圓，使5延展出平滑的表面。

醒麵
7　將徹底擰乾的濕布蓋在6上，於室溫下醒麵3分鐘左右。

塑形
8　用手將7輕輕壓平。讓麵團的閉合處朝上，重新放回揉麵台上，以擀麵棍擀成長方形。

9　參照包法D（P9），將1大匙的肉桂糖粉廣泛撒放在麵團一半～3/4左右的位置，往內捲成棒狀。蓋上徹底擰乾的濕布，於室溫下醒麵3分鐘左右。

10　滾動9使其延展後，讓收口處的線條朝上，用掌心將麵團的一端壓平。

11　壓著扁平端的麵團，將另一端扭轉2～2.5次，邊轉邊繞成圓形，再疊合兩端。接著用扁平的一端包覆另一端。將包覆好的麵團兩側捏緊貼合，使開口確實密合。

最終發酵
12　蓋上徹底擰乾的濕布，利用烤箱，在40℃下發酵30分鐘。

水煮
13　在鍋中煮沸大量熱水，並加入蜂蜜（分量外）。

14　待鍋底冒出細小氣泡後，將12的貝果麵團放入，不時上下翻面，煮30秒後撈起。

15　將14並排在鋪了烘焙紙的烤盤上。

烘烤
16　在15的上面各撒10g的粗糖，再用濾茶網撒上肉桂粉。放入預熱至200℃的烤箱中烘烤15分鐘，接著將烤盤前後對轉，繼續烤6～7分鐘。

17　烤好後立即取出，放在糕點散熱架上冷卻。

黑豆黃豆粉

作法→70頁

black bean

沾裹大量黃豆粉的外觀具驚喜感，令人不禁懷疑
「這也是貝果嗎？」。還結合了可感受到天然甜
味的黑豆。

soybean flour

搭配風味醇厚的黑芝麻、紅豆餡與核桃，創造
出和風滋味。扎實的質地與內餡十分契合。

核桃黑芝麻豆沙餡
作法→71頁

核桃味噌豆沙餡
作法→71頁

用白豆餡與白味噌製成的內餡，魅力在於典雅
的甜味。烘烤過後的核桃香氣，則增添了一分
層次感。

黑豆黃豆粉

材料（直徑9cm，4個份）

【麵團】

A
| 準高筋麵粉（ER型）===300 g
| 鹽===6 g
| 三溫糖===6 g
| 速發乾酵母===1/3小匙

蜂蜜===8 g

水===140 g

【內餡】

甜燉黑豆（市售）===80 g

【潤飾】

黃豆粉===適量

B
| 黃豆粉===25 g
| 三溫糖===40 g
| 鹽===少許

事前準備

＊準高筋麵粉先過篩。

＊將B倒入調理缽中混合備用。

作法

準備

1　將A倒入調理缽中，在中央挖出一個凹洞，依序加入蜂蜜與水。

攪拌

2　用手攪拌至麵粉顆粒消失，聚攏成團後移至揉麵台上。

揉捏

3　用雙手確實揉捏8～10分鐘左右，表面變得光滑即完成。將麵團整圓後移至調理缽中。

一次發酵

4　以保鮮膜為3的麵團加蓋（P59），放進冰箱冷藏，讓麵團發酵20～30分鐘。

分割

5　用刮板將麵團分割成4等分。利用磅秤，等量分割。

6　將切面朝下搓圓，使5延展出平滑的表面。

醒麵

7　將徹底擰乾的濕布蓋在6上，於室溫下醒麵3分鐘左右。

塑形

8　用手將7輕輕壓平。讓麵團的閉合處朝上，重新放回揉麵台上，以擀麵棍擀成長方形。

9　參照包法B（P8），將20 g的黑豆置於麵皮外側，往內捲成棒狀。蓋上徹底擰乾的濕布，於室溫下醒麵3分鐘左右。

10　滾動9使其延展後，讓收口處的線條朝上，用掌心將麵團的一端壓平。

11　壓著扁平端的麵團，將另一端扭轉2～2.5次，邊轉邊繞成圓形，再疊合兩端。接著用扁平的一端包覆另一端。將包覆好的麵團兩側捏緊貼合，使開口確實密合。

最終發酵

12　蓋上徹底擰乾的濕布，利用烤箱，在40℃下發酵30分鐘。

水煮

13　在鍋中煮沸大量熱水，並加入蜂蜜（分量外）。

14　待鍋底冒出細小氣泡後，將12的貝果麵團放入，不時上下翻面，煮30秒後撈起。整體裹上黃豆粉。

15　將14並排在鋪了烘焙紙的烤盤上。

烘烤

16　放入預熱至200℃的烤箱中烘烤15分鐘，接著將烤盤前後對轉，繼續烤6～7分鐘。

17　烤好後立即取出，覆上1大匙（盛滿呈山狀）的B，放在糕點散熱架上冷卻。

black bean soybean flour

miso bean paste walnut

black sesame sweet bean paste

核桃黑芝麻豆沙餡

材料（直徑9cm，4個份）

【麵團】

A ┌ 準高筋麵粉（ER型）===300 g
  │ 鹽===6 g
  │ 三溫糖===6 g
  └ 速發乾酵母===1/3小匙

蜂蜜===8 g

水===140 g

【內餡】

黑芝麻豆沙餡（市售）===100 g

核桃===40 g

【潤飾】

黑芝麻粉===適量

B ┌ 黑芝麻粉===25 g
  │ 三溫糖===40 g
  └ 鹽===少許

事前準備

＊準高筋麵粉先過篩。

＊核桃用160℃的烤箱烘烤10分鐘，冷卻後用手壓碎成適當的大小。

＊將B倒入調理缽中混合備用。

黑芝麻豆沙餡

這種餡料很像是在紅豆麵包的紅豆餡裡增添黑芝麻的風味，和麵包很對味。紅豆餡能以各種口味來享用。

作法

準備

1 將A倒入調理缽中，在中央挖出一個凹洞，依序加入蜂蜜與水。

攪拌

2 用手攪拌至麵粉顆粒消失，聚攏成團後移至揉麵台上。

揉捏

3 用雙手確實揉捏8～10分鐘左右，表面變得光滑即完成。將麵團整圓後移至調理缽中。

一次發酵

4 以保鮮膜為3的麵團加蓋（P59），放進冰箱冷藏，讓麵團發酵20～30分鐘。

分割

5 用刮板將麵團分割成4等分。利用磅秤，等量分割。

6 將切面朝下搓圓，使5延展出平滑的表面。

醒麵

7 將徹底擰乾的濕布蓋在6上，於室溫下醒麵3分鐘左右。

塑形

8 用手將7輕輕壓平。讓麵團的閉合處朝上，重新放回揉麵台上，以擀麵棍擀成長方形。

9 參照包法C（P8），將25 g的黑芝麻豆沙餡與10 g的核桃擺在麵皮外側，往內捲成棒狀。蓋上徹底擰乾的濕布，於室溫下醒麵3分鐘左右。

10 滾動9使其延展後，讓收口處的線條朝上，用掌心將麵團的一端壓平。

11 壓著扁平端的麵團，將另一端扭轉2～2.5次，邊轉邊繞成圓形，再疊合兩端。接著用扁平的一端包覆另一端。將包覆好的麵團兩側捏緊貼合，使開口確實密合。

最終發酵

12 蓋上徹底擰乾的濕布，利用烤箱，在40℃下發酵30分鐘。

水煮

13 在鍋中煮沸大量熱水，並加入蜂蜜（分量外）。

14 待鍋底冒出細小氣泡後，將12的貝果麵團放入，不時上下翻面，煮30秒後撈起。整體裹上黑芝麻粉。

15 將14並排在鋪了烘焙紙的烤盤上。

烘烤

16 放入預熱至200℃的烤箱中烘烤15分鐘，接著將烤盤前後對轉，繼續烤6～7分鐘。

17 烤好後立即取出，覆上1大匙（盛滿呈山狀）的B，放在糕點散熱架上冷卻。

核桃味噌豆沙餡

材料（直徑9cm，4個份）

【麵團】

A ┌ 準高筋麵粉（ER型）===300 g
  │ 鹽===6 g
  │ 三溫糖===6 g
  └ 速發乾酵母===1/3小匙

蜂蜜===8 g

水===140 g

【內餡】

味噌豆沙餡（右記）===100 g

核桃===32 g

【潤飾】

核桃===8顆

事前準備

＊準高筋麵粉先過篩。

＊核桃用160℃的烤箱烘烤10分鐘，冷卻後用手壓碎成適當的大小。

作法

未標記的步驟請參照「核桃黑芝麻豆沙餡」，如法炮製。

塑形

9 參照包法C（P8），將25 g的味噌豆沙餡擺在麵皮外側，再將8 g的核桃疊放其上，接著往內捲成棒狀。蓋上徹底擰乾的濕布，於室溫下醒麵3分鐘左右。

水煮

14 待鍋底冒出細小氣泡後，將12的貝果麵團放入，不時上下翻面，煮30秒後撈起。

烘烤

16 在15的上面各放2顆核桃，確實按壓嵌入。放入預熱至200℃的烤箱中烘烤15分鐘，接著將烤盤前後對轉，繼續烤6～7分鐘。

味噌豆沙餡

材料
白味噌 40 g
白豆餡 80 g
作法
將材料倒入調理缽中充分拌勻。用剩的裝進保存容器中，放冰箱冷藏可保存1週。

抹茶大納言紅豆奶油

洋風的奶油乳酪，配上和風抹茶與大納言紅豆超麻吉！表面沾裹上新粉，即可烘烤出如和菓子般的成品。

材料（直徑9cm，4個份）

【麵團】

A
┌ 準高筋麵粉（ER型）===300 g
│ 鹽===6 g
│ 三溫糖===12 g
│ 速發乾酵母===1/3小匙
└ 抹茶===9 g

蜂蜜===8 g

水===147 g

【內餡】

奶油乳酪===60 g

大納言紅豆===80 g

【潤飾】

上新粉===適量

事前準備

＊準高筋麵粉與抹茶先過篩。

作法

準備

1　將A倒入調理缽中，在中央挖出一個凹洞，依序加入蜂蜜與水。

攪拌

2　用手攪拌至麵粉顆粒消失，聚攏成團後移至揉麵台上。

揉捏

3　用雙手確實揉捏8～10分鐘左右，表面變得光滑即完成。將麵團整圓後移至調理缽中。

一次發酵

4　以保鮮膜為3的麵團加蓋（P59），放進冰箱冷藏，讓麵團發酵20～30分鐘。

分割

5　用刮板將麵團分割成4等分。利用磅秤，等量分割。

6　將切面朝下搓圓，使5延展出平滑的表面。

醒麵

7　將徹底擰乾的濕布蓋在6上，於室溫下醒麵3分鐘左右。

塑形

8　用手將7輕輕壓平。讓麵團的閉合處朝上，重新放回揉麵台上，以擀麵棍擀成長方形。

9　參照包法C（P8），將15 g的奶油乳酪與20 g的大納言紅豆擺在麵皮外側，往內捲成棒狀。蓋上徹底擰乾的濕布，於室溫下醒麵3分鐘左右。

10　滾動9使其延展後，讓收口處的線條朝上，用掌心將麵團的一端壓平。

11　壓著扁平端的麵團，將另一端扭轉2～2.5次，邊轉邊繞成圓形，再疊合兩端。接著用扁平的一端包覆另一端。將包覆好的麵團兩側捏緊貼合，使開口確實密合。

最終發酵

12　蓋上徹底擰乾的濕布，利用烤箱，在40℃下發酵30分鐘。

水煮

13　在鍋中煮沸大量熱水，並加入蜂蜜（分量外）。

14　待鍋底冒出細小氣泡後，將12的貝果麵團放入，不時上下翻面，煮30秒後撈起。表面沾裹上新粉。

15　沾裹上新粉的那面朝上，並排在鋪了烘焙紙的烤盤上。

烘烤

16　放入預熱至200℃的烤箱中烘烤15分鐘，接著將烤盤前後對轉，繼續烤6～7分鐘。

17　烤好後立即取出，放在糕點散熱架上冷卻。

生薑蘋果

辛辣的糖燉生薑與蜜漬蘋果的組合。是一款可確實感受到生薑滋味的養生貝果。

ginger apple

材料（直徑9cm，4個份）

【麵團】

A ⌈ 準高筋麵粉（ER型）===300 g
　　鹽===6 g
　　三溫糖===6 g
　　速發乾酵母===1/3小匙
蜂蜜===8 g
水===140 g

【內餡】
糖燉生薑（下記）===40 g
蜜漬蘋果（市售，P24）===100 g

【潤飾】
原味餅乾薄片（P9）===60 g
黑罌粟籽===適量

事前準備
＊準高筋麵粉先過篩。

糖燉生薑

材料
生薑 75 g
三溫糖 60 g
作法
生薑削皮並切絲後入鍋。加入三溫糖，充分拌勻，靜置10分鐘使其入味。待釋出水分後，以中火煮5分鐘，生薑煮熟後即熄火，靜置冷卻。用剩的裝進保存容器中，放冰箱冷藏可保存2週。

作法

準備

1　將A倒入調理缽中，在中央挖出一個凹洞，依序加入蜂蜜與水。

攪拌

2　用手攪拌至麵粉顆粒消失，聚攏成團後移至揉麵台上。

揉捏

3　用雙手確實揉捏8～10分鐘左右，表面變得光滑即完成。將麵團整圓後移至調理缽中。

一次發酵

4　以保鮮膜為3的麵團加蓋（P59），放進冰箱冷藏，讓麵團發酵20～30分鐘。

分割

5　用刮板將麵團分割成4等分。利用磅秤，等量分割。

6　將切面朝下搓圓，使5延展出平滑的表面。

醒麵

7　將徹底擰乾的濕布蓋在6上，於室溫下醒麵3分鐘左右。

塑形

8　用手將7輕輕壓平。讓麵團的閉合處朝上，重新放回揉麵台上，以擀麵棍擀成長方形。

9　參照包法D（P9），將糖燉生薑撒放至麵皮一半左右的位置，麵皮外側則擺上蜜漬蘋果，接著往內捲成棒狀。蓋上徹底擰乾的濕布，於室溫下醒麵3分鐘左右。

10　滾動9使其延展後，讓收口處的線條朝上，用掌心將麵團的一端壓平。

11　壓著扁平端的麵團，將另一端扭轉2～2.5次，邊轉邊繞成圓形，再疊合兩端。接著用扁平的一端包覆另一端。將包覆好的麵團兩側捏緊貼合，使開口確實密合。

最終發酵

12　蓋上徹底擰乾的濕布，利用烤箱，在40℃下發酵30分鐘。

水煮

13　在鍋中煮沸大量熱水，並加入蜂蜜（分量外）。

14　待鍋底冒出細小氣泡後，將12的貝果麵團放入，不時上下翻面，煮30秒後撈起。

15　將14並排在鋪了烘焙紙的烤盤上。

烘烤

16　在15的上面各撒15 g的原味餅乾薄片與罌粟籽，放入預熱至200℃的烤箱中烘烤15分鐘，接著將烤盤前後對轉，繼續烤6～7分鐘。

17　烤好後立即取出，放在糕點散熱架上冷卻。

柑橘醬奶油乳酪

marmalade

柑橘醬與奶油乳酪為經典的組合，上面再放粗糖與餅乾薄片來增添口感層次。建議作為簡便的早餐或下午茶點心。

cream cheese

材料（直徑9cm，4個份）

【麵團】

A ┌ 準高筋麵粉（ER型）===300g
  │ 鹽===6g
  │ 三溫糖===6g
  └ 速發乾酵母===1/3小匙

蜂蜜===8g

水===140g

【內餡】

奶油乳酪===60g

柑橘醬===72g

【潤飾】

原味餅乾薄片（P9）===60g

粗糖===12g

事前準備

＊準高筋麵粉先過篩。

作法

準備

1　將A倒入調理缽中，在中央挖出一個凹洞，依序加入蜂蜜與水。

攪拌

2　用手攪拌至麵粉顆粒消失，聚攏成團後移至揉麵台上。

揉捏

3　用雙手確實揉捏8～10分鐘左右，表面變得光滑即完成。將麵團整圓後移至調理缽中。

一次發酵

4　以保鮮膜為3的麵團加蓋（P59），放進冰箱冷藏，讓麵團發酵20～30分鐘。

分割

5　用刮板將麵團分割成4等分。利用磅秤，等量分割。

搓圓

6　將切面朝下搓圓，使5延展出平滑的表面。

醒麵

7　將徹底擰乾的濕布蓋在6上，於室溫下醒麵3分鐘左右。

塑形

8　用手將7輕輕壓平。讓麵團的閉合處朝上，重新放回揉麵台上，以擀麵棍擀成長方形。

9　參照包法C（P8），將15g的奶油乳酪與18g的柑橘醬重疊擺在麵皮外側，往內捲成棒狀。蓋上徹底擰乾的濕布，於室溫下醒麵3分鐘左右。

10　滾動9使其延展後，讓收口處的線條朝上，用掌心將麵團的一端壓平。

11　壓著扁平端的麵團，將另一端扭轉2～2.5次，邊轉邊繞成圓形，再疊合兩端。接著用扁平的一端包覆另一端。將包覆好的麵團兩側捏緊貼合，使開口確實密合。

最終發酵

12　蓋上徹底擰乾的濕布，利用烤箱，在40℃下發酵30分鐘。

水煮

13　在鍋中煮沸大量熱水，並加入蜂蜜（分量外）。

14　待鍋底冒出細小氣泡後，將12的貝果麵團放入，不時上下翻面，煮30秒後撈起。

15　將14並排在鋪了烘焙紙的烤盤上。

烘烤

16　在15的上面各撒15g的原味餅乾薄片與3g的粗糖，放入預熱至200℃的烤箱中烘烤15分鐘，接著將烤盤前後對轉，繼續烤6～7分鐘。

17　烤好後立即取出，放在糕點散熱架上冷卻。

乾式咖哩

用了絞肉與蔬菜的乾式咖哩貝果。未經過油炸，但最後步驟加了乳酪來增添香濃感。和咖哩麵包相比，別有一番滋味。

材料（直徑9cm，4個份）
【麵團】
A ┌ 準高筋麵粉（ER型）===300 g
　├ 鹽===6 g
　├ 三溫糖===6 g
　└ 速發乾酵母===1/3小匙
蜂蜜===8 g
水===140 g
【內餡】
乾式咖哩（下記）===120 g
【潤飾】
天然乳酪（切細）===40 g
結晶鹽===適量
黑胡椒===適量

事前準備
＊準高筋麵粉先過篩。

乾式咖哩

材料
綜合絞肉 60 g
A ┌ 紅蘿蔔 20 g
　├ 洋蔥 80 g
　├ 金針菇 50 g
　└ 青椒 15 g
B ┌ 咖哩粉（選擇喜歡的辣度）1.5大匙
　├ 中濃醬 1小匙
　└ 醬油 1小匙
沙拉油 1大匙

作法
將A全部切成粗末。在平底鍋中倒入沙拉油，以中火加熱輕輕拌炒絞肉，再加入A炒至水分收乾。整體炒熟後，加入B繼續拌炒至水分收乾，即可熄火冷卻。用剩的裝進保存容器中，放冰箱冷藏可保存3天。

作法
準備
1　將A倒入調理缽中，在中央挖出一個凹洞，依序加入蜂蜜與水。
攪拌
2　用手攪拌至麵粉顆粒消失，聚攏成團後移至揉麵台上。
揉捏
3　用雙手確實揉捏8～10分鐘左右，表面變得光滑即完成。將麵團整圓後移至調理缽中。
一次發酵
4　以保鮮膜為3的麵團加蓋（P59），放進冰箱冷藏，讓麵團發酵20～30分鐘。
分割
5　用刮板將麵團分割成4等分。利用磅秤，等量分割。
6　將切面朝下搓圓，使5延展出平滑的表面。
醒麵
7　將徹底擰乾的濕布蓋在6上，於室溫下醒麵3分鐘左右。
塑形
8　用手將7輕輕壓平。讓麵團的閉合處朝上，重新放回揉麵台上，以擀麵棍擀成長方形。

9　參照包法B（P8），將30g的乾式咖哩擺在麵皮外側，往內捲成棒狀。蓋上徹底擰乾的濕布，於室溫下醒麵3分鐘左右。
10　滾動9使其延展後，讓收口處的線條朝上，用掌心將麵團的一端壓平。
11　壓著扁平端的麵團，將另一端扭轉2～2.5次，邊轉邊繞成圓形，再疊合兩端。接著用扁平的一端包覆另一端。將包覆好的麵團兩側捏緊貼合，使開口確實密合。
最終發酵
12　蓋上徹底擰乾的濕布，利用烤箱，在40℃下發酵30分鐘。
水煮
13　在鍋中煮沸大量熱水，並加入蜂蜜（分量外）。
14　待鍋底冒出細小氣泡後，將12的貝果麵團放入，不時上下翻面，煮30秒後撈起。
15　將14並排在鋪了烘焙紙的烤盤上。
烘烤
16　在15的上面各擺10g的天然乳酪，再撒上結晶鹽與黑胡椒。放入預熱至200℃的烤箱中烘烤15分鐘，接著將烤盤前後對轉，繼續烤6～7分鐘。
17　烤好後立即取出，放在糕點散熱架上冷卻。

蔥花
味噌絞肉

作法→82頁

meat miso

裡頭包捲了作為菜餚或下酒菜都很受喜愛的和風家常菜及味噌絞肉。味噌絞肉的味道濃厚，搭配貝果堪稱絕配。

green onion

白芝麻鮪魚

作法→83頁

white sesame

結合煮得甜甜辣辣的鮪魚、綠紫蘇葉與海苔，是可作為正餐的貝果。味道清淡，白芝麻粒粒分明的口感十分有趣。

tuna

青海苔乳酪

作法→82頁

green laver

青海苔與乳酪的組合，用來佐酒也是一大享受。麵團與內餡裡都放了青海苔，提升了香氣，也突顯出其美味。

cheese

蔥花味噌絞肉

材料（直徑9cm，4個份）
【麵團】
A
準高筋麵粉（ER型）===300 g
鹽===6 g
三溫糖===6 g
速發乾酵母===1/3小匙
蜂蜜===8 g
水===140 g
【內餡】
蔥花味噌絞肉（下記）===120 g
【潤飾】
帕馬森乾酪===適量
結晶鹽===適量

事前準備
＊準高筋麵粉先過篩。

蔥花味噌絞肉
材料
長蔥 1根
雞胸肉絞肉 230 g
鹽 少許
A
白味噌 70 g
三溫糖 40 g
醬油 2.5大匙
酒 2大匙
作法
將長蔥切成約2mm寬的蔥花。把雞胸肉倒入鍋中，輕輕撒入鹽，再加入A以中火燉炒。整體炒熟並收汁後即完成。用剩的裝進保存容器中，放冰箱冷藏可保存3天。

作法
準備
1 將A倒入調理缽中，在中央挖出一個凹洞，依序加入蜂蜜與水。
攪拌
2 用手攪拌至麵粉顆粒消失，聚攏成團後移至揉麵台上。
揉捏
3 用雙手確實揉捏8～10分鐘左右，表面變得光滑即完成。將麵團整圓後移至調理缽中。
一次發酵
4 以保鮮膜為3的麵團加蓋（P59），放進冰箱冷藏，讓麵團發酵20～30分鐘。
分割
5 用刮板將麵團分割成4等分。利用磅秤，等量分割。
6 將切面朝下搓圓，使5延展出平滑的表面。
醒麵
7 將徹底擰乾的濕布蓋在6上，於室溫下醒麵3分鐘左右。
塑形
8 用手將7輕輕壓平。讓麵團的閉合處朝上，重新放回揉麵台上，以擀麵棍擀成長方形。

9 參照包法B（P8），將30 g的蔥花味噌絞肉擺在麵皮外側，往內捲成棒狀。蓋上徹底擰乾的濕布，於室溫下醒麵3分鐘左右。
10 滾動9使其延展後，讓收口處的線條朝上，用掌心將麵團的一端壓平。
11 壓著扁平端的麵團，將另一端扭轉2～2.5次，邊轉邊繞成圓形，再疊合兩端。接著用扁平的一端包覆另一端。將包覆好的麵團兩側捏緊貼合，使開口確實密合。
最終發酵
12 蓋上徹底擰乾的濕布，利用烤箱，在40℃下發酵30分鐘。
水煮
13 在鍋中煮沸大量熱水，並加入蜂蜜（分量外）。
14 待鍋底冒出細小氣泡後，將12的貝果麵團放入，不時上下翻面，煮30秒後撈起。
15 將14並排在鋪了烘焙紙的烤盤上。
烘烤
16 在15的上面撒帕馬森乾酪與結晶鹽，放入預熱至200℃的烤箱中烘烤15分鐘，接著將烤盤前後對轉，繼續烤6～7分鐘。
17 烤好後立即取出，放在糕點散熱架上冷卻。

青海苔乳酪

材料（直徑9cm，4個份）
【麵團】
A
準高筋麵粉（ER型）===300 g
鹽===6 g
三溫糖===6 g
速發乾酵母===1/3小匙
青海苔===2 g
蜂蜜===8 g
水===142 g
【內餡】
天然乳酪===100 g
青海苔===適量
【潤飾】
天然乳酪（切細）===40 g
結晶鹽===適量

白芝麻鮪魚

材料（直徑9cm，4個份）

【麵團】

A
- 準高筋麵粉（ER型）===300 g
- 鹽===6 g
- 三溫糖===6 g
- 速發乾酵母===1/3小匙

蜂蜜===8 g

水===142 g

炒白芝麻===20 g

【內餡】

烤海苔===1片

綠紫蘇葉===4片

甜辣燉鮪魚（下記）===120 g

【潤飾】

炒白芝麻===適量

事前準備

＊準高筋麵粉先過篩。

＊將烤海苔切成4等分，和飯糰用的大小相等。

作法

準備

1　將A倒入調理缽中，在中央挖出一個凹洞，依序加入蜂蜜與水。

攪拌

2　用手攪拌至麵粉顆粒消失，聚攏成團後移至揉麵台上。

揉捏

3　以雙手確實揉捏5分鐘左右，使麵粉結塊消失，參照包法A（P8），揉好8成後加入白芝麻，繼續揉捏3～5分鐘左右。待白芝麻均勻混入整體、麵團表面變得光滑即完成。將麵團整圓後移至調理缽中。

一次發酵

4　以保鮮膜為3的麵團加蓋（P59），放進冰箱冷藏，讓麵團發酵20～30分鐘。

分割

5　用刮板將麵團分割成4等分。利用磅秤，等量分割。

6　將切面朝下搓圓，使5延展出平滑的表面。

醒麵

7　將徹底擰乾的濕布蓋在6上，於室溫下醒麵3分鐘左右。

塑形

8　將7輕輕壓平。讓麵團的閉合處朝上，重新放回揉麵台，以擀麵棍擀成長方形。

9　參照包法C（P8），從麵皮外側開始重疊擺上1片烤海苔、1片綠紫蘇葉與30 g的甜辣燉鮪魚，再往內捲成棒狀。蓋上徹底擰乾的濕布，於室溫下醒麵3分鐘左右。

10　滾動9使其延展後，讓收口處的線條朝上，用掌心將麵團的一端壓平。

11　壓著扁平端的麵團，將另一端扭轉2～2.5次，邊轉邊繞成圓形，再疊合兩端。接著用扁平的一端包覆另一端。將包覆好的麵團兩側捏緊貼合，使開口確實密合。

最終發酵

12　蓋上徹底擰乾的濕布，利用烤箱，在40℃下發酵30分鐘。

水煮

13　在鍋中煮沸大量熱水，並加入蜂蜜（分量外）。

14　待鍋底冒出細小氣泡後，將12的貝果麵團放入，不時上下翻面，煮30秒後撈起。表面沾裹白芝麻。

15　將14沾芝麻的那面朝上，並排在鋪了烘焙紙的烤盤上。

烘烤

16　放入預熱至200℃的烤箱中烘烤15分鐘，接著將烤盤前後對轉，繼續烤6～7分鐘。

17　烤好後立即取出，放在糕點散熱架上冷卻。

事前準備

＊準高筋麵粉先過篩。

＊將天然乳酪切成1cm的丁狀（如右圖）。

作法

未標記的步驟請參照「白芝麻鮪魚」，如法炮製。

揉捏

3　用雙手確實揉捏8～10分鐘左右，表面變得光滑即完成。將麵團整圓後移至調理缽中。

塑形

9　參照包法D（P9），將青海苔與25 g的天然乳酪撒放至麵皮一半左右的位置，往內捲成棒狀。蓋上徹底擰乾的濕布，於室溫下醒麵3分鐘左右。

水煮

14　待鍋底冒出細小氣泡後，將12的貝果麵團放入，不時上下翻面，煮30秒後撈起。

15　將14並排在鋪了烘焙紙的烤盤上。

烘烤

16　在15的上面各擺10 g切細的天然乳酪，再撒上結晶鹽。放入預熱至200℃的烤箱中烘烤17分鐘，接著將烤盤前後對轉，繼續烤6～7分鐘。

甜辣燉鮪魚

材料

水煮鮪魚罐 200 g

白葡萄酒 23 g

A
- 白高湯 15 g
- 三溫糖 13 g
- 醬油 8 g

作法

將鮪魚與白葡萄酒倒入鍋中，以中火煮滾。加入A熬煮至水分收乾後，熄火冷卻。用剩的裝進保存容器中，放冰箱冷藏可保存3天。

貝果三明治

這些三明治所使用的，都是適合製成三明治的鬆軟貝果。
貝果扎實的質地，和味道鮮明且存在感十足的配料甚為契合。
無論甜點類貝果還是正餐類貝果，都夾了大量的配料，這便是Tecona的作風。

正餐類貝果

正餐類貝果的配料多到從貝果裡滿溢出來，超大的分量令人驚嘆，只要1份就足以填飽肚子。
品嚐時，不妨用雙手緊緊夾住配料來享用！保證吃得心滿意足。

培根蛋蘑菇馬鈴薯

蘑菇馬鈴薯中隱含了微量的炒洋蔥甜味，半熟的荷包蛋
與酥脆的培根引人食慾大開。是一款很適合作為早餐的
三明治。

泰式雞肉

泰式魚露與香菜的氣味相當刺激食慾，是一款亞洲風味
的三明治。關鍵在於，雞肉需前一天先醃漬，使其確實
入味。

酪梨鮭魚

中間夾了和煙燻鮭魚很對味的醃漬洋蔥與酪梨，是可以
吃得清淡又健康的超人氣組合。

培根蛋蘑菇馬鈴薯

材料（1個份）
鬆軟原味貝果（P10）===1個
蘑菇馬鈴薯
┌ 中型馬鈴薯===2顆
│ 洋蔥===1/2顆
│ 荷蘭芹（切成粗末）===1小匙
│ KRAZY 綜合香料鹽===少許
└ 美乃滋===1.5大匙
培根===1片
沙拉油===適量
雞蛋===1顆
鹽===少許
黑胡椒===適量
萵苣===1片

事前準備
＊將馬鈴薯削皮並切半後泡水。
＊把洋蔥切成薄片。

作法
1　製作蘑菇馬鈴薯。在鍋中放入馬鈴薯、水（分量外）與一小撮鹽，以中火燉煮。煮軟至用竹籤可刺入的程度，瀝乾水分後以小火煮至收汁。熄火，用木鍋鏟粗略壓碎。
2　在平底鍋中倒入沙拉油，以中火拌炒洋蔥。加入荷蘭芹與一小撮鹽（分量外），炒至軟嫩。
3　將2加入1中，稍微冷卻後再將美乃滋與綜合香料鹽加入拌勻。用剩的裝進保存容器中，放冰箱冷藏可保存3天。
4　將沙拉油倒入以中火加熱的平底鍋中，把培根煎得酥脆。
5　以中火加熱平底鍋，倒入沙拉油並打入雞蛋來煎荷包蛋。最後再撒入鹽與黑胡椒。
6　將貝果切成上下2等分，接著把萵苣、70ｇ的3、培根與荷包蛋依序擺在下半部，再用上半部的貝果夾住。

泰式雞肉

材料（1個份）
鬆軟原味貝果（P10）===1個
烤雞肉
┌ 雞腿肉===100ｇ
│ 大蒜===1瓣
│ 泰式魚露===2大匙
│ 紅辣椒（乾燥）===2根
└ 酒===1大匙
紅蘿蔔===70ｇ（1/2根）
白蘿蔔===120ｇ（1/8根）
鹽===適量

A ┌ 米醋===4大匙
　│ 三溫糖===3大匙
　└ 醬油===1小匙
沙拉油===適量
雞蛋===1顆
香菜===適量
美乃滋===適量

事前準備
＊將大蒜切成粗末。
＊紅辣椒去籽，再切成圓片。
＊把香菜切成適當的大小。

作法
1　製作烤雞肉。去除雞肉的筋，再與其餘的材料一起裝進保存袋中，擠出空氣。放進冰箱冷藏一晚，使其入味。
2　將紅蘿蔔與白蘿蔔切成細絲後放入調理缽中，輕輕撒些鹽，靜置片刻。待入味後，用手擰乾水分。加入A，放進冰箱冷藏一晚，使其入味。
3　在平底鍋中倒入沙拉油，以中火加熱，再將1的雞皮那面朝下放入。煎出明顯的金黃色澤後即翻面，以小～中火加熱5～6分鐘，慢慢煎熟。煎好並冷卻後，切成大小容易食用的片狀。
4　將沙拉油倒入以中火加熱的平底鍋中，打入雞蛋，煎成雙面焦黃荷包蛋。
5　把貝果切成上下2等分，接著把4、80ｇ的3、瀝乾水分的2與香菜依序擺在下半部，分量依個人喜好。最後淋上美乃滋，再用上半部的貝果夾住。

酪梨鮭魚

材料（1個份）
鬆軟原味貝果（P10）===1個
酪梨===1/2顆
煙燻鮭魚===40ｇ（3～4片）
洋蔥===1/2顆
鹽===適量

A ┌ 米醋===4大匙
　│ 三溫糖===3大匙
　└ 紅胡椒===5粒
美乃滋===適量
黑胡椒===適量

事前準備
＊將酪梨削皮後，切成稍大的一口大小。

作法
1　將洋蔥切成薄片後放入調理缽中，輕輕撒些鹽，靜置片刻。洋蔥片入味後，用手輕輕擰乾水分。加入A，放進冰箱冷藏一晚使其入味。
2　把貝果切成上下2等分，接著把美乃滋、酪梨、煙燻鮭魚與瀝乾水分的1依序擺在下半部。最後撒上黑胡椒，再用上半部的貝果夾住。

甜點類貝果

將和貝果很對味的奶油乳酪加以調整，變化成和風或洋風口味。再結合水果乾或堅果等，不但可享受其口感，還能讓變化更豐富。

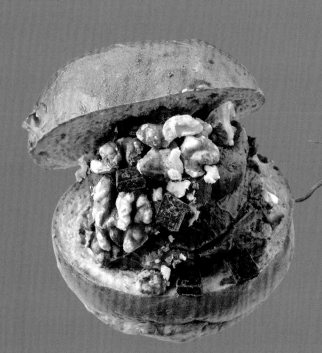

鹽味紅豆奶油餡

以紅豆餡搭配奶油的組合，是熱狗麵包中的經典口味。這令人懷念又安心的味道，搭配貝果也很對味。

蔓越莓鳳梨奶油

用水果乾製作的自製果醬，恰到好處的酸味是味道的關鍵。鳳梨與椰子這對熱帶拍檔，推薦於夏季享用。

核桃巧克力奶油

增添香氣用的蘭姆酒，讓巧克力奶油的味道變得更具深度。利用核桃與苦味巧克力潤飾而成，是一款大人口味的巧克力貝果三明治。

鹽味紅豆奶油餡

材料（1個份）
鬆軟原味貝果（P10）===1個
顆粒紅豆奶油餡
┌ 奶油乳酪===200 g
│ 顆粒紅豆餡===200 g
└ 細砂糖===25 g
含鹽奶油===20 g
顆粒紅豆餡（市售）===25 g
結晶鹽===適量

事前準備
＊讓奶油乳酪恢復至室溫。
＊奶油先放在冰箱冷藏冰鎮，使用時切成5mm厚的薄片。

作法
1　將顆粒紅豆奶油餡的材料放入調理缽中，用橡皮刮刀充分拌勻。用剩的裝進保存容器中，放冰箱冷藏可保存3天。
2　將貝果切成上下2等分，接著把奶油、80g的顆粒紅豆奶油餡與顆粒紅豆餡依序擺在下半部，最後撒上結晶鹽，再用上半部的貝果夾住。

蔓越莓鳳梨奶油

材料（1個份）
鬆軟原味貝果（P10）===1個
鳳梨蔓越莓果醬
┌ 鳳梨乾===100 g
│ 蔓越莓乾（P39）===85 g
│ 細砂糖===95 g
│ 柳橙汁===85 g
└ 白葡萄酒===50 g
鳳梨蔓越莓奶油
┌ 鳳梨蔓越莓果醬===200 g
└ 奶油乳酪===200 g
蜂蜜===適量
長條椰子絲===適量

事前準備
＊用剪刀將鳳梨乾剪成1.5cm的丁狀。
＊讓奶油乳酪恢復至室溫。
＊長條椰子絲用160℃的烤箱烘烤8分鐘後冷卻。

作法
1　將鳳梨蔓越莓果醬的材料放入鍋中，以小～中火慢慢煨煮15分鐘左右。留意不要噴濺出來，熬煮至濃稠狀為止。用剩的裝進保存容器中，放冰箱冷藏可保存1個半月。
2　把鳳梨蔓越莓奶油的材料放入調理缽中，用橡皮刮刀充分拌勻。用剩的裝進保存容器中，放冰箱冷藏可保存3天。
3　將貝果切成上下2等分，並在上下切面塗抹蜂蜜。接著將100g的鳳梨蔓越莓奶油與40g的鳳梨蔓越莓果醬擺在下半部，再撒上長條椰子絲。最後用上半部的貝果夾住。

核桃巧克力奶油

材料（1個份）
鬆軟核桃貝果（P14）===1個
巧克力奶油
┌ 奶油乳酪===200 g
│ 細砂糖===60 g
│ 蘭姆酒===5 g
│ 無糖可可粉===13 g
└ 核桃===50 g
調溫巧克力片（P20）===適量
核桃===適量

事前準備
＊讓奶油乳酪恢復至室溫。
＊核桃用160℃的烤箱烘烤10分鐘，冷卻後壓碎成容易食用的大小。

作法
1　將可可粉、核桃以外的巧克力奶油材料放入調理缽中，用橡皮刮刀攪拌混合。以濾茶網過篩加入可可粉，持續充分攪拌，最後再加入核桃拌勻。用剩的裝進保存容器中，放冰箱冷藏可保存3天。
2　將貝果切成上下2等分，接著把100g的巧克力奶油、調溫巧克力片與核桃依序擺在下半部，再用上半部的貝果夾住。

抹醬

dip

正餐類貝果的抹醬

胡椒臘腸

黑胡椒的香氣有烘托臘腸之效。屬於下酒菜類的貝果，佐葡萄酒也很對味。

材料（方便製作的分量）
奶油乳酪===80 g
臘腸===20 g
KRAZY 綜合香料鹽===少許
黑胡椒粒===少許
喜歡的貝果===1個

事前準備
＊讓奶油乳酪恢復至室溫。
＊將臘腸切成5mm的丁狀。

作法
把奶油乳酪、臘腸與綜合香料鹽倒入調理缽中。如有胡椒研磨器則加入現磨的胡椒粒（如果沒有，用已磨好的也可以），再用橡皮刮刀充分拌勻。用剩的裝進保存容器中，放冰箱冷藏可保存3天。

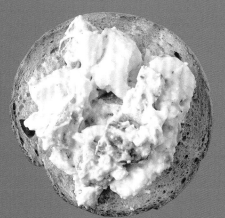

雞蛋醃黃瓜

抹醬用的美乃滋，建議使用不會過軟的純正美乃滋（REAL MAYONNAISE）。貝果部分選擇了原味貝果。

材料（方便製作的分量）
水煮蛋===1顆
美乃滋===1.5大匙
茅屋乳酪===1大匙
鹽、胡椒===各少許
醃黃瓜===1/2根
喜歡的貝果===1個

事前準備
＊水煮蛋剝殼，用叉子等粗略壓碎。
＊將醃黃瓜切成5mm的丁狀。

作法
將材料全部倒入調理缽中，用橡皮刮刀粗略攪拌混合。用剩的裝進保存容器中，放冰箱冷藏保存，並於隔天使用完畢。

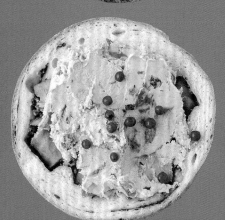

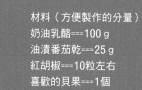

番茄乾奶油

由番茄乾與紅胡椒構成的粉紅色抹醬煞是鮮艷。選擇了香腸芥末貝果，分量十足。

材料（方便製作的分量）
奶油乳酪===100 g
油漬番茄乾===25 g
紅胡椒===10粒左右
喜歡的貝果===1個

事前準備
＊讓奶油乳酪恢復至室溫。
＊將番茄乾粗略切碎。

作法
把紅胡椒以外的材料倒入調理缽中，用橡皮刮刀充分拌勻。品嚐時再將紅胡椒撒在抹醬上。用剩的裝進保存容器中，放冰箱冷藏可以保存3天。

抹醬是讓貝果變得更美味的重要配角。事先製作好各種口味的抹醬,在無暇之時便可轉眼間變出飽足感十足的三明治。原味貝果固然也很美味,不過也可依抹醬來組合自己喜歡的貝果,好好享受各式各樣的變化。

甜點類貝果的抹醬

楓糖奶油乳酪

店裡是使用可爾必思奶油,亦可用發酵奶油代替。搭配水果乾系列的貝果很對味。

材料(方便製作的分量)
奶油乳酪===230 g
發酵奶油===150 g
楓糖===75 g
喜歡的貝果===1個

事前準備
＊讓奶油乳酪與發酵奶油恢復至室溫。
作法
將材料倒入調理缽中,以橡皮刮刀充分拌勻。
用剩的裝進保存容器中,放冰箱冷藏可以保存3天。

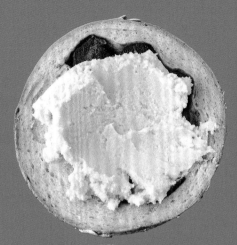

蒙布朗奶油

法國沙巴東(SABATON)公司的栗子醬完整保留了濃厚的栗子風味,使用此醬即可調製出如蒙布朗般的味道。請搭配椰子巧克力貝果。

材料(方便製作的分量)
栗子醬===240 g(1罐)
奶油===100 g
蘭姆酒===5 g
喜歡的貝果===1個

事前準備
＊讓奶油恢復至室溫。
作法
將材料倒入調理缽中,用橡皮刮刀充分拌勻。
用剩的裝進保存容器中,放冰箱冷藏可以保存4天。

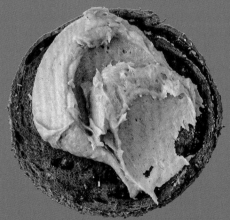

蘭姆葡萄乾奶油乳酪

飽滿且含蘭姆酒的葡萄乾,是屬於大人的口味。奶油中若有添加配料,則建議搭配原味貝果。

材料(方便製作的分量)
蘭姆葡萄乾(P25)===75 g
奶油乳酪===150 g
細砂糖===27 g
喜歡的貝果===1個

事前準備
＊讓奶油乳酪恢復至室溫。
＊將蘭姆葡萄乾粗略切碎。
作法
將材料倒入調理缽中,用橡皮刮刀充分拌勻。
用剩的裝進保存容器中,放冰箱冷藏可以保存3天。

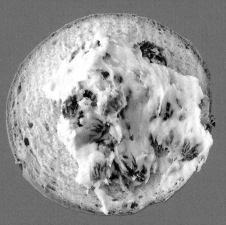

tecona bagel works的二三事

tecona bagel works是料理家高橋雅子女士於2009年開設的咖啡館，並且販售貝果。自開店起，貝果就分為「鬆軟」、「Q彈」以及「扎實」3種基本款。本書中一律使用速發乾酵母，然而店裡唯有「鬆軟」款才使用這種酵母，「Q彈」款是使用自製的天然酵母，「扎實」款則是用星野天然酵母，以不同酵母製作出口感各異的貝果。身為現任店長的小林女士，一面堅守著基本的作法，一面掌管這家店的大小事。因為希望這家貝果專賣店能成為讓顧客天天上門的街邊麵包店，因此開店時總是密密麻麻地並排著許多剛出爐的貝果。

一般對貝果的印象是：正中央有個洞，形狀近似甜甜圈。而tecona的貝果則是樣貌豐富，上面會擺放大量的餅乾薄片、粗糖、乳酪等。顧客在開店的同時到訪，貝果也還沒到關店時間就售完，這樣的情況不算少見。之所以能在當天就把最後1個貝果交到顧客手中，正是3種麵團的口感，以及每天吃也吃不膩的各式口味，在支撐著這股人氣吧！

必能遇見自己中意的風味貝果

店長小林女士原本是位西點師傅。她活用了過去製作甜點的經驗，以每2週1次的步調不斷創造出新口味，有重視季節感的產品、配合貝果將人氣素材加以變化製成的產品等等。tecona的貝果都會放入大量的配料，因此個個飽足感十足。添加水果乾、奶油乳酪、臘腸、和風家常菜等，從甜的貝果到適合作為正餐的貝果，種類豐富應有盡有。小林女士相當重視每種素材的味道與口感之間的組合。要發揮這個素材的優點必須搭配鬆軟貝果……，換做另一種素材則得搭配Q彈款……。就像這樣，在製作貝果時，她堅持同一種口味要避免使用不同的麵團。

此外，除了風味貝果，另有原創貝果三明治與抹醬，這也成了貝果美味吃法的新提案。夾餡滿滿的貝果三明治，分量大到根本無法一口咬下去，很受大人及小孩的喜愛。此外，抹醬也是品嚐貝果時不可缺少的，無論甜食系或鹹食系皆可輕鬆備齊。始終如一的經典口味，再加上挑選的樂趣以及與新口味邂逅時的雀躍感……這些都成了tecona的魅力所在。

從料理區看出去的店內樣貌。
tecona bagel works的每一天都由此處展開。

基本材料

以下為所有貝果共通的基本材料，事先備好製作麵團與內餡常用的材料會方便許多。這些全都是在超市就能買得到的產品，因此要追加購買也絲毫不費功夫。

1 三溫糖
以蔗糖為原料的淡褐色砂糖。可感受到比上白糖還強烈的甜味，且帶有獨特的香氣，加入麵團可增添風味。

2 粗糖
結晶大小約1～3mm左右的砂糖。經過烘烤仍可保留原形，因此用在最後步驟，撒在貝果上即可享受其口感，也是常用來裝飾的法寶。

3 細砂糖
結晶比上白糖大，十分乾爽。甜味無特殊香氣不會干擾到其他素材的味道，因此最適合用來製作內餡。

4 蜂蜜
為麵團增加獨特的風味。水煮貝果前加入熱水中，即可在麵團外層形成薄膜，讓烘烤出來的色澤更漂亮。

5 速發乾酵母
發酵力比乾酵母強，只要少量就OK。推薦法國的燕子牌（SAF，紅裝）。

6 烤鹽
揉製麵團時，使用乾爽而易融入麵團的烤鹽。不具吸濕性且味道溫和，能夠運用自如。

7 結晶鹽
吃起來口感清脆且鹹味十足，這樣的結晶大小最為理想。鹽的種類豐富，請依個人喜好挑選。

8 奶油乳酪
製作貝果的內餡或抹醬等，都少不了奶油乳酪。推薦酸味低且具有硬度的菲力牌（PHILADELPHIA）或是北海道產LUXE牌（リュクス）的產品。

9 蘭姆酒
用來醃漬水果乾或為奶油增添香氣。濃度與香味濃烈的麥斯黑蘭姆酒與貝果最對味。

10 白蘭地
用來醃漬水果乾。特色在於清爽的香氣，有別於蘭姆酒的濃郁甜味。使用能在超市等處輕鬆購得的產品即可。

基本器具

這些都是製作貝果時不可或缺的基本器具。每一種都是常用款,只要備妥1組,不僅限於製作麵包,製作點心時也可頻繁地派上用場。

1 揉麵台

只要有這片木製的板子,即可順利進行揉麵、塑形等作業而不會弄髒廚房或桌子。選擇約60×40cm的大小,作業起來會更加順暢。

2 刮板

若用撕的方式會傷害到麵團,建議使用刮板進行分割。金屬製品用於切割,而塑膠製品則適合用來移動塑形後的貝果。

3 濾勺

推薦不需使勁就能翻面的濾勺,以免破壞貝果的外型。撈起貝果還可同時瀝乾水分,非常方便。

4 麵包刀

推薦刀刃呈波浪狀、長度超過20cm的刀子。不會傷害麵包,可切出漂亮的切面,還可輕鬆地橫向切半。

5 計量匙

本書中使用15mm的大量匙與5mm的小量匙。尤其測量速發乾酵母時,小量匙是必備的道具。如果有1/2小匙的計量匙會更加方便。

6 篩網

為了去除結塊,麵粉類須事先過篩。附把手的款式便於單手操作,作業起來將更順暢。

7 調理缽

基本上大多數的作業都是在揉麵台上進行,因此只要有大小2個調理缽就綽綽有餘了。大的是為了混合麵團,小的則用來製作內餡。

8　烘焙紙

烘烤時，在烤盤上鋪烘焙紙可避免麵團沾黏。不僅有拋棄式的，也有可以反覆使用的款式。

9　擀麵棍

塑形時用來延展麵團。麵團的筋性強，因此推薦在延展的同時可擠出空氣的凹凸擀麵棍。

10　橡皮刮刀

製作餅乾薄片或攪拌混合奶油乳酪等內餡時使用。推薦鏟面與把手一體成形的產品，不須使勁即可輕鬆攪拌，也便於清洗。

11　厚棉手套

可以直接拿取剛烤好的貝果，提升作業效率。穿戴兩層就感覺不到熱度。

12　廚房計時器

用來管理發酵時間。季節或當天的天氣會導致發酵時間產生微妙的差異，因此標示的時間僅供參考。

13　電子秤

計量材料或均分麵團時使用。為了精準計量，選擇能測量1g～2kg的電子式磅秤比較方便。

14　止滑墊

為了施力揉製麵團，建議在桌子與揉麵台之間夾放墊子，避免揉麵台滑動，作業起來會格外順暢。

15　布巾

把布巾用水沾濕並徹底擰乾後再使用。靜置醒麵、防止乾燥時皆可利用，是進行發酵常用的法寶。

16　噴霧器

揉製麵團或發酵的時候，若很在意乾燥的問題，可用噴霧器噴些水。關鍵是不直接朝麵團噴，而是往空中噴水，讓霧狀的水氣附著其上。

【食譜製作】

小林千繪（Chie Kobayashi）

自白百合女子大學畢業後，便在法國巴黎的法式甜點店
與餐廳修業，踏上自幼喜愛的烘焙點心之路。
回國後成為餐廳與咖啡館的西點師傅，開始從事甜點食
譜開發、技術指導、開設法式甜點店等工作。
後來萌生「希望從事的工作與日常生活飲食息息相關，
而非侷限在特別日子的食品上」的想法，因而辭掉西點
師傅的工作，到tecona bagel works當店長。
活用西點師傅時期的經驗與知識，持續進行貝果食譜
的開發，並兼顧營業業務及經營。如今在tecona bagel
works工作邁入第7年，「讓貝果成為日常食物」是當前
的目標。平常會烘焙出50～60種類型的貝果，每天都進
行著新商品食譜的開發。

【日文版工作人員】

設計	高市美佳
照片	清水奈緒
造型	曲田有子
採訪	守屋かおる
烹飪助手	枝松さゆる
校閱	滄流社
編輯	櫻岡美佳

【材料提供】

寿物産株式会社
東京都世田谷区経堂4-30-48
http://www.kotobuki-b.com

tecona bagel works
テコナベーグルワークス

東京都渋谷区富ヶ谷1-51-12　代々木公園ハウスB102
營業時間　11:00～18:30
　　　　　　　　　　※售完即打烊
http://tecona.jp
Instagram帳號：「tecona_bagel_works」

日本專賣店的話題貝果
3種口感、55款變化，隨心所欲變換滋味！

2017年12月 1 日初版第一刷發行
2024年10月 1 日初版第十三刷發行

作　　　者	tecona bagel works
譯　　　者	童小芳
編　　　輯	陳映潔
美 術 編 輯	黃郁琇
發 行 人	若森稔雄
發 行 所	台灣東販股份有限公司

　　　　　　＜地址＞台北市南京東路4段130號2F-1
　　　　　　＜電話＞(02)2577-8878
　　　　　　＜傳真＞(02)2577-8896
　　　　　　＜網址＞https://www.tohan.com.tw

郵 撥 帳 號	1405049-4
法 律 顧 問	蕭雄淋律師
總 經 銷	聯合發行股份有限公司

　　　　　　＜電話＞(02)2917-8022

國家圖書館出版品預行編目資料

日本專賣店的話題貝果：3種口感、55款
　變化，隨心所欲變換滋味！ / tecona
　bagel works著；童小芳譯. -- 初版. --臺北
　市：臺灣東販, 2017.12
　96面；21×24公分

　ISBN 978-986-475-522-6(平裝)

　1.點心食譜　2.麵包

427.16　　　　　　　　　　106020545

TOHAN

TECONA BAGELWORKS NO MAINICHI
TABETAI BAGEL NO HON
© tecona bagel works, Mynavi Publishing Corporation 2016
Originally published in Japan in 2016 by
Mynavi Publishing Corporation
Chinese translation rights arranged through
TOHAN CORPORATION, TOKYO.